# やりきれるから自信がつく！

## ✓ 1日1枚の勉強で，学習習慣が定着！

◎目標時間に合わせ，無理のない量の問題数で構成されているので，
「1日1枚」やりきることができます。

◎解説が丁寧なので，まだ学校で習っていない内容でも勉強を進めることができます。

## ✓ すべての学習の土台となる「基礎力」が身につく！

◎スモールステップで構成され，1冊の中でも繰り返し練習していくので，
確実に「基礎力」を身につけることができます。「基礎」が身につくことで，発
展的な内容に進むことができるのです。

◎教科書に沿っているので，授業の進度に合わせて使うこともできます。

## ✓ 勉強管理アプリの活用で，楽しく勉強できる！

◎設定した勉強時間にアラームが鳴るので，学習習慣がしっかりと身につきます。

◎時間や点数などを登録していくと，成績がグラフ化されたり，
賞状をもらえたりするので，達成感を得られます。

◎勉強をがんばると，キャラクターとコミュニケーションを
取ることができるので，日々のモチベーションが上がります。

JN040226

# ① 1日1枚, 集中して解きましょう。

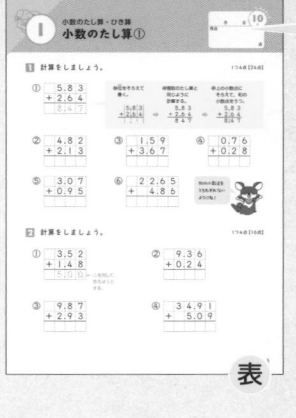

目標時間

◎1回分は, 1枚（表と裏）です。

1枚ずつはがして使うこともできます。

◎目標時間を意識して解きましょう。

アプリのストップウォッチなどで, かかった時間をはかるとよいです。

・巻末の「まとめテスト」で, この本の内容が身についたか確認できます。

表　　裏

# ② 答え合わせをしましょう。

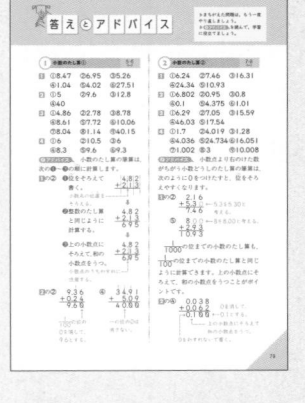

・本の最後に,「答えとアドバイス」があります。

・答え合わせをして, 点数をつけましょう。

できなかった問題を解き直すと, より力がつくよ!

# ③ アプリに得点を登録しましょう。

・アプリに得点を登録すると, 成績がグラフ化されます。
・勉強すると, キャラクターが育ちます。

# 毎日のドリル 勉強管理アプリ

「毎日のドリル」シリーズ専用、スマートフォン・タブレットで使える無料アプリです。1つのアプリで、シリーズすべてを管理でき、学習習慣が楽しく身につきます。

## 1 「毎日のドリル」の学習を徹底サポート！

毎日の勉強タイムをお知らせする「タイマー」

かかった時間を計る「ストップウォッチ」

勉強した日を記録する「カレンダー」

入力した得点を「グラフ化」

日々の目標時間を意識しよう！

## 2 キャラクターと楽しく学べる！

好きなキャラクターを選ぶことができます。勉強をがんばるとキャラクターが育ち、「ひみつ」や「ワザ」が増えます。

## 3 1冊終わると、ごほうびがもらえる！

ドリルが1冊終わるごとに、賞状やメダル、称号がもらえます。

ニガテはやる気がでるきゅ～！

## 4 漢字と英単語のゲームにチャレンジ！

ゲームで、どこでも手軽に、楽しく勉強できます。漢字は学年別、英単語はレベル別に構成されており、ドリルで勉強した内容の確認にもなります。

自己ベスト更新目指そう！

アプリの無料ダウンロードはこちらから！

https://gakken-ep.jp/extra/maidori

【推奨環境】
■各種Android端末：対応OS Android6.0以上
■各種iOS（iPadOS）端末：対応OS iOS10以上
※対応OSであってもIntel CPU (x86 Atom) 搭載の端末では正しく動作しない場合があります。
※対応OSや対応機種については、各ストアでご確認ください。
※お客様のネット環境および携帯端末によりアプリをご利用できない場合、当社は責任を負いかねます。また、事前の予告なく、サービスの提供を中止する場合があります。ご理解、ご了承くださいますよう、お願いいたします。

# 小数のたし算①

得点　　　　　　　点

## 1 計算をしましょう。

1つ4点【24点】

①
```
   5.8 3
+  2.6 4
   8.4 7
```

●位をそろえて
　書く。

❷整数のたし算と
　同じように
　計算する。

❸上の小数点に
　そろえて，和の
　小数点をうつ。

```
 5.8 3      5.8 3      5.8 3
+2.6 4  →  +2.6 4  →  +2.6 4
            8 4 7      8.4 7
```

②
```
   4.8 2
+  2.1 3
```

③
```
   1.5 9
+  3.6 7
```

④
```
   0.7 6
+  0.2 8
```

⑤
```
   3.0 7
+  0.9 5
```

⑥
```
   2 2.6 5
+    4.8 6
```

和の小数点を
うちわすれない
ようにね！

## 2 計算をしましょう。

1つ4点【16点】

①
```
   3.5 2
+  1.4 8
   5.0 0
```
←0を消して，
　答えは5と
　する。

②
```
   9.3 6
+  0.2 4
```

③
```
   9.8 7
+  2.9 3
```

④
```
   3 4.9 1
+    5.0 9
```

5

**3** 計算をしましょう。 1つ4点【36点】

① 
$$\begin{array}{r} 3.21 \\ +1.65 \\ \hline \end{array}$$

② 
$$\begin{array}{r} 2.36 \\ +0.42 \\ \hline \end{array}$$

③ 
$$\begin{array}{r} 4.97 \\ +3.81 \\ \hline \end{array}$$

④ 
$$\begin{array}{r} 3.48 \\ +5.13 \\ \hline \end{array}$$

⑤ 
$$\begin{array}{r} 2.25 \\ +5.47 \\ \hline \end{array}$$

⑥ 
$$\begin{array}{r} 8.03 \\ +2.03 \\ \hline \end{array}$$

⑦ 
$$\begin{array}{r} 7.07 \\ +0.97 \\ \hline \end{array}$$

⑧ 
$$\begin{array}{r} 0.69 \\ +0.45 \\ \hline \end{array}$$

⑨ 
$$\begin{array}{r} 25.47 \\ +14.68 \\ \hline \end{array}$$

**4** 計算をしましょう。 1つ4点【24点】

① 
$$\begin{array}{r} 1.33 \\ +4.67 \\ \hline \end{array}$$

② 
$$\begin{array}{r} 5.14 \\ +5.36 \\ \hline \end{array}$$

③ 
$$\begin{array}{r} 2.28 \\ +3.72 \\ \hline \end{array}$$

④ 
$$\begin{array}{r} 1.81 \\ +6.49 \\ \hline \end{array}$$

⑤ 
$$\begin{array}{r} 9.25 \\ +0.35 \\ \hline \end{array}$$

⑥ 
$$\begin{array}{r} 8.67 \\ +0.63 \\ \hline \end{array}$$

整数のたし算と同じように計算できるね。

答え ▶ 79ページ

# 2 小数のたし算②

月　日　**10**分

得点　　　　　点

## 1 計算をしましょう。

1つ4点【20点】

① 
```
    2.5 4
+   3.7 0   ←3.7を
    6.2 4     3.70と
              考える。
```

② 
```
    2.1 6
+   5.3
```

③ 
```
    6.8
+   9.5 1
```

④ 
```
  1 6.3
+    8.0 4
```

⑤ 
```
    8
+   2.9 3
```

位をそろえて
計算するよ。

## 2 計算をしましょう。

1つ4点【24点】

① 
```
    2.4 1 3
+   4.3 8 9
    6.8 0 2
```

❶位をそろえて
書く。

❷整数のたし算と
同じように
計算する。

❸上の小数点にそろえて,
和の小数点をうつ。

② 
```
    0.0 5 9
+   0.8 9 1
```

③ 
```
    0.5 1 4
+   0.2 8 6
```

④ 
```
    0.0 3 8
+   0.0 6 2
```

⑤ 
```
    3.9 0 0   ←3.9を3.900と
+   0.4 7 5     考える。
```

⑥ 
```
    0.2 1 7
+   0.7 9 3
```

**3** 計算をしましょう。 1つ4点【20点】

① 
```
  4.6 9
+ 1.6
```

② 
```
  2.4 5
+ 4.6
```

③ 
```
  6
+ 9.5 9
```

④ 
```
  3 8
+   8.0 3
```

⑤ 
```
  1 6.8
+   0.7 4
```

**4** 計算をしましょう。 1つ4点【36点】

① 
```
  0.5 6 6
+ 1.1 3 4
```

② 
```
  0.2 4 1
+ 3.7 7 8
```

③ 
```
  1.0 5 3
+ 0.2 2 7
```

④ 
```
  0.6 3 6
+ 3.4
```

⑤ 
```
    6.7 8
+ 1 7.9 5 4
```

⑥ 
```
  9.6 0 6
+ 6.4 4 5
```

⑦ 
```
  0.2 7 2
+ 0.7 3
```

⑧ 
```
  0.3 5 1
+ 2.6 4 9
```

⑨ 
```
  7.4
+ 2.6 0 8
```

小数のたし算はバッチリだ！

答え ▶ 79ページ

## 1 計算をしましょう。

1つ4点【28点】

① 
```
  6.9 2
- 2.8 5
-------
  4.0 7
```

❶位をそろえて書く。

```
  6.9 2
- 2.8 5
```

➡

❷整数のひき算と同じように計算する。

```
  6.9 2
- 2.8 5
-------
  4 0 7
```

➡

❸上の小数点にそろえて，差の小数点をうつ。

```
  6.9 2
- 2.8 5
-------
  4.0 7
```

② 
```
  4.9 6
- 3.7 2
```

③ 
```
  7.6 1
- 4.6 3
```

④ 
```
  5.0 4
- 0.6 8
```

⑤ 
```
  6.2 1
- 5.3 4
```

⑥ 
```
  7.4 8
- 6.9 8
```

⑦ 
```
  2 0.5 2
-   8.4 3
```

## 2 計算をしましょう。

1つ4点【16点】

① 
```
  8.2 6
- 3.5 0
-------
  4.7 6
```
←3.5を3.50と考える。

② 
```
  6.8 4
- 2.3
```

③ 
```
  5.3 7
- 0.3
```

④ 
```
  7.5 3
- 6.9
```

くり下がりに気をつけよう！

**3** 計算をしましょう。

① 
$$7.37 - 4.18$$

② 
$$5.45 - 2.73$$

③ 
$$5.06 - 4.83$$

④ 
$$3.09 - 0.89$$

⑤ 
$$8.01 - 7.54$$

⑥ 
$$0.76 - 0.36$$

⑦ 
$$9.05 - 8.65$$

⑧ 
$$0.67 - 0.34$$

⑨ 
$$4.28 - 4.24$$

**4** 計算をしましょう。

1つ4点【20点】

① 
$$6.47 - 5.2$$

② 
$$8.16 - 2.3$$

③ 
$$4.25 - 0.2$$

④ 
$$9.63 - 0.6$$

⑤ 
$$9.14 - 8.8$$

差の小数点をうちわすれないようにね！

答え ▶ 80ページ

# 4 小数のひき算②

月　日　10分
得点
点

## 1 計算をしましょう。

1つ4点【32点】

① 
```
  5.3 0  ←5.3を
− 2.6 7    5.30と
  2.6 3    考える。
```

② 
```
  6.0 0  ←6を
− 3.8 4    6.00と
  2.1 6    考える。
```

③ 
```
  3.5
− 1.7 2
```

④ 
```
  0.7
− 0.3 8
```

⑤ 
```
  1 0.2
−   9.6 3
```

⑥ 
```
  4
− 0.1 6
```

⑦ 
```
  3
− 2.9 8
```

⑧ 
```
  4 3
−   0.9 4
```

ひかれる数に
0をつけたして
計算しよう。

## 2 計算をしましょう。

1つ4点【16点】

① 
```
  1.4 3 5
− 0.8 6 2
  0.5 7 3
```
❶位をそろえて書く。
❷整数のひき算と同じように計算する。
❸上の小数点にそろえて、差の小数点をうつ。

② 
```
  5.4 1 3
− 3.2 5 9
```

③ 
```
  2.5 4 9
− 0.7 5 0
```

④ 
```
  4.0 0 0  ←4を
− 0.0 9 3    4.000と
             考える。
```

**3** 計算をしましょう。

1つ4点【24点】

① 
```
   6.2
- 2.5 6
```

② 
```
    7
- 1.8 5
```

③ 
```
   0.9
- 0.2 3
```

④ 
```
   5.5
- 5.4 8
```

⑤ 
```
    2
- 0.5 3
```

⑥ 
```
  3 6.7
-    0.7 4
```

**4** 計算をしましょう。

1つ4点【28点】

① 
```
  0.9 3 4
- 0.3 6 1
```

② 
```
  7.0 2 5
- 2.5 4 7
```

③ 
```
  2.3 6
- 2.3 4 8
```

④ 
```
    3
- 0.8 1 3
```

⑤ 
```
    5
- 1.6 9 5
```

⑥ 
```
    6
- 5.8 0 4
```

⑦ 
```
    1
- 0.0 9 7
```

 小数のひき算は分かったかな？

答え ▶ 80ページ

# 5 3つの小数のたし算・ひき算

**1** 次の計算を筆算でしましょう。

1つ5点【10点】

① 1.3＋2.1＋0.4

```
    1.3 ┐ 左から順に
  + 2.1 ┘ 計算する。
    3.4
   ↓
    3.4
  + 0.4
```

② 6.57－3.2＋14.9

```
    6.5 7 ┐ 左から順に
  - 3.2   ┘ 計算する。
    3.3 7
   ↓
  + 1 4.9
```

**2** くふうして計算しましょう。

1つ5点【20点】

① 2.5＋6.7＋3.5

= 2.5＋3.5＋6.7

= [      ] ＋6.7

= [      ]

【交かんのきまり】
■ ＋ ● ＝ ● ＋ ■

計算のきまりを使って
くふうしよう！

② 28＋8.2＋1.8

= 28＋(8.2＋1.8)

= 28＋[      ]

= [      ]

【結合(けつごう)のきまり】
(■ ＋ ●) ＋ ▲ ＝ ■ ＋ (● ＋ ▲)

③ 3.4＋2.9＋2.6

④ 5.3＋1.62＋2.38

**3** 次の計算を筆算でしましょう。 1つ5点【10点】

① $3.2 + 1.4 + 0.2$

② $5.84 - 2.4 + 15.7$

**4** くふうして計算しましょう。 1つ10点【60点】

① $45 + 2.4 + 7.6$

② $80 + 6.8 + 3.2$

③ $6.4 + 2.6 + 1.4$

④ $1.83 + 8.44 + 5.17$

⑤ $2.3 + 67 + 7.7$

⑥ $1.397 + 1.26 + 1.303$

計算のきまりを見直しておこう！

答え ▶ 81ページ

# 6 小数のたし算・ひき算の練習

月　日　⏱10分
得点　　　　　点

## 1 計算をしましょう。

1つ3点【24点】

① 　4.72
　＋3.41

② 　2.89
　＋6.83

③ 　0.36
　＋0.69

④ 　3.08
　＋0.98

⑤ 　3.15
　＋4.85

⑥ 　7.5
　＋4.92

⑦ 　0.043
　＋0.567

⑧ 　5.8
　＋0.468

答えの小数点は
うったかな？

## 2 計算をしましょう。

1つ3点【24点】

① 　4.23
　－1.56

② 　5.05
　－0.49

③ 　6.1
　－3.67

④ 　5.13
　－4.78

⑤ 　9
　－0.84

⑥ 　80.84
　－　9.77

⑦ 　3.63
　－0.65

⑧ 　6
　－0.035

**3** 計算をしましょう。

① 
$$\begin{array}{r} 3.95 \\ +1.46 \\ \hline \end{array}$$

② 
$$\begin{array}{r} 5.13 \\ -2.48 \\ \hline \end{array}$$

③ 
$$\begin{array}{r} 4.63 \\ +3.87 \\ \hline \end{array}$$

④ 
$$\begin{array}{r} 2.07 \\ -0.59 \\ \hline \end{array}$$

⑤ 
$$\begin{array}{r} 6 \\ +4.52 \\ \hline \end{array}$$

⑥ 
$$\begin{array}{r} 6.4 \\ -1.86 \\ \hline \end{array}$$

⑦ 
$$\begin{array}{r} 77.26 \\ +12.87 \\ \hline \end{array}$$

⑧ 
$$\begin{array}{r} 0.8 \\ -0.54 \\ \hline \end{array}$$

⑨ 
$$\begin{array}{r} 6 \\ -3.491 \\ \hline \end{array}$$

**4** 計算をしましょう。③，④はくふうして計算しましょう。 １つ４点【16点】

① $6.1 + 1.2 + 0.3$

② $8.96 - 4.4 + 12.7$

③ $3.9 + 1.4 + 6.1$

④ $3.7 + 1.8 + 3.2$

アプリに，得点を登録しよう！

答え ▶ 81ページ

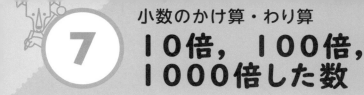

# 7 10倍，100倍，1000倍した数

月　日　⑩分

得点　　　　　点

## 1 次の数を10倍した数を書きましょう。

1つ3点【24点】

① 0.35　（ 3.5 ）

|  | $\frac{1}{10}$の位 | $\frac{1}{100}$の位 |
|---|---|---|
| 一の位 | | |
| 3 .5 | | |
| 0 .3 | 5 | |

10倍

10倍すると，位は1けたずつ上がる。

② 1.64　（　　　）

③ 2.8　（　　　）　④ 5　（　　　）

⑤ 0.9　（　　　）　⑥ 0.04　（　　　）

⑦ 0.037　（　　　）　⑧ 1.07　（　　　）

## 2 次の数を100倍した数を書きましょう。

1つ3点【24点】

① 0.52　（ 52 ）　② 2.13　（　　　）

100倍すると，位は2けたずつ上がる。

③ 5.8　（　　　）　④ 6　（　　　）

⑤ 0.8　（　　　）　⑥ 0.09　（　　　）

⑦ 0.073　（　　　）　⑧ 1.03　（　　　）

**3** 次の数を10倍した数を書きましょう。

1つ3点【18点】

① 0.76 　　　（　　　　　）　② 3.48 　　　（　　　　　）

③ 1.2 　　　（　　　　　）　④ 0.3 　　　（　　　　　）

⑤ 0.05 　　　（　　　　　）　⑥ 27.38 　　　（　　　　　）

**4** 次の数を100倍した数を書きましょう。

1つ3点【18点】

① 0.56 　　　（　　　　　）　② 4.41 　　　（　　　　　）

③ 3.6 　　　（　　　　　）　④ 7 　　　（　　　　　）

⑤ 0.7 　　　（　　　　　）　⑥ 0.02 　　　（　　　　　）

**5** 次の計算をしましょう。

1つ4点【16点】

① $0.45 \times 10$ 　　　② $6.93 \times 10$

③ $1.87 \times 100$ 　　　④ $2.17 \times 1000$

10倍，100倍した数はマスターだね。

答え ▶ 82ページ

小数のかけ算・わり算

# 小数×整数

**1** 計算をしましょう。　　　　　　　　　　　　　　　　　　　1つ3点【24点】

① $0.3 \times 2 =$ 　0.6

0.3を10倍すると，$3 \times 2 = 6$
6を10でわると，0.6

② $0.4 \times 2 =$

③ $0.2 \times 7 =$

④ $0.3 \times 4 =$

⑤ $0.7 \times 3 =$

⑥ $0.8 \times 7 =$

⑦ $0.4 \times 5 =$

⑧ $0.5 \times 8 =$

**2** 計算をしましょう。　　　　　　　　　　　　　　　　　　　1つ4点【24点】

① $1.3 \times 2 =$ 　2.6

1.3を10倍すると，$13 \times 2 = 26$
26を10でわると，2.6

② $2.4 \times 3 =$

③ $1.4 \times 6 =$

④ $1.5 \times 6 =$

⑤ $5.9 \times 2 =$

⑥ $2.6 \times 4 =$

**3** 計算をしましょう。

① $0.3 \times 3$

② $0.4 \times 6$

③ $0.8 \times 4$

④ $0.6 \times 8$

⑤ $0.7 \times 10$

⑥ $0.03 \times 2$

⑦ $0.08 \times 10$

⑧ $2.7 \times 2$

⑨ $1.8 \times 4$

⑩ $3.6 \times 3$

⑪ $2.5 \times 4$

⑫ $0.07 \times 5$

⑬ $0.15 \times 4$

⑥⑦⑫⑬は、
100倍したら
100でわるんだね。

まずは整数のかけ算として考えるんだね。

答え ▶ 82ページ

# 小数×整数の筆算①

月　日　10分

得点　　　　　点

## 1 計算をしましょう。

1つ4点【24点】

①
```
    2.7
×     6
  1 6.2
```

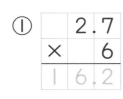

❶小数点を考えないで，右にそろえて書く。

```
    2:7
×   : 6
```

❷整数のかけ算と同じように計算する。

```
    2.7
×     6
  1 6 2
```

❸かけられる数にそろえて，積の小数点をうつ。

```
    2.7
×   : 6
  1 6:2
```

②
```
    2.3
×     3
```

③
```
    1.3
×     4
```

④
```
    1.8
×     9
```

⑤
```
    1 6.3
×       8
```

⑥
```
    2 1.6
×       3
```

かけられた数にそろえて，積の小数点をうつよ！

## 2 計算をしましょう。

1つ4点【20点】

①
```
    0.2
×     3
    0.6
```
一の位に0を書く。

②
```
    7.5
×     8
  6 0.0
```
小数点をうってから，0を消して，答えは60とする。

③
```
    0.5
×     4
```

④
```
    4.4
×     5
```

⑤
```
    8.5
×     8
```

**3** 計算をしましょう。

① $\begin{array}{r} 1.4 \\ \times\quad 6 \\ \hline \end{array}$

② $\begin{array}{r} 4.9 \\ \times\quad 8 \\ \hline \end{array}$

③ $\begin{array}{r} 8.3 \\ \times\quad 2 \\ \hline \end{array}$

④ $\begin{array}{r} 4.9 \\ \times\quad 5 \\ \hline \end{array}$

⑤ $\begin{array}{r} 7.7 \\ \times\quad 4 \\ \hline \end{array}$

⑥ $\begin{array}{r} 6.4 \\ \times\quad 8 \\ \hline \end{array}$

⑦ $\begin{array}{r} 24.9 \\ \times\quad 9 \\ \hline \end{array}$

⑧ $\begin{array}{r} 62.7 \\ \times\quad 3 \\ \hline \end{array}$

⑨ $\begin{array}{r} 49.8 \\ \times\quad 3 \\ \hline \end{array}$

**4** 計算をしましょう。

① $\begin{array}{r} 0.3 \\ \times\quad 3 \\ \hline \end{array}$

② $\begin{array}{r} 0.4 \\ \times\quad 7 \\ \hline \end{array}$

③ $\begin{array}{r} 1.8 \\ \times\quad 5 \\ \hline \end{array}$

④ $\begin{array}{r} 6.8 \\ \times\quad 5 \\ \hline \end{array}$

⑤ $\begin{array}{r} 22.5 \\ \times\quad 4 \\ \hline \end{array}$

かけ算の筆算のやり方は，おぼえていたかな？

答え ▶ 83ページ

# 10 小数×整数の筆算②

月　日　10分

得点　　　　点

## 1 計算をしましょう。

1つ4点【32点】

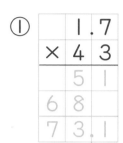

①
```
    1.7
×  4 3
    5 1
  6 8
  7 3.1
```
かけられる数にそろえて，積の小数点をうつ。

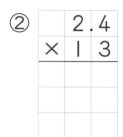

②
```
    2.4
×  1 3
```

整数のかけ算と同じように計算しよう！

③
```
    0.6
×  8 7
```

④
```
    4.3
×  2 5
```

⑤
```
    6.8
×  4 2
```

⑥
```
    8.7
×  4 9
```

⑦
```
    4.5
×  6 8
```

⑧
```
    2.4
×  1 5
```

## 2 計算をしましょう。

1つ4点【8点】

①
```
    2.7
×  3 0
  8 1.0
```
2.7×0の計算は省いて，0をそのままおろす。

0を消して，答えは81

②
```
    3.9
×  4 0
```

**3** 計算をしましょう。

①
$$
\begin{array}{r}
2.1 \\
\times\ 14 \\
\hline
\end{array}
$$

②
$$
\begin{array}{r}
1.7 \\
\times\ 35 \\
\hline
\end{array}
$$

③
$$
\begin{array}{r}
0.9 \\
\times\ 28 \\
\hline
\end{array}
$$

④
$$
\begin{array}{r}
0.3 \\
\times\ 12 \\
\hline
\end{array}
$$

⑤
$$
\begin{array}{r}
6.8 \\
\times\ 35 \\
\hline
\end{array}
$$

⑥
$$
\begin{array}{r}
3.8 \\
\times\ 15 \\
\hline
\end{array}
$$

⑦
$$
\begin{array}{r}
24.6 \\
\times\ \ \ 23 \\
\hline
\end{array}
$$

⑧
$$
\begin{array}{r}
12.2 \\
\times\ \ \ 34 \\
\hline
\end{array}
$$

⑨
$$
\begin{array}{r}
27.6 \\
\times\ \ \ 25 \\
\hline
\end{array}
$$

**4** 計算をしましょう。

①
$$
\begin{array}{r}
3.9 \\
\times\ 30 \\
\hline
\end{array}
$$

②
$$
\begin{array}{r}
5.6 \\
\times\ 50 \\
\hline
\end{array}
$$

③
$$
\begin{array}{r}
85.7 \\
\times\ \ \ 60 \\
\hline
\end{array}
$$

積の小数点をわすれないでね。

答え ▶ 83ページ

# 小数×整数の筆算③

## 1 計算をしましょう。

1つ4点【24点】

①
```
    1.47
×      6
    8.82
```
かけられる数にそろえて,
積の小数点をうつ。

②
```
    0.29
×      3
    0.87
```
一の位に0を書く。

③
```
    2.35
×      4
    9.40
```
0を消して,
答えは9.4

④
```
    4.57
×      2
```

⑤
```
    0.15
×      4
```

⑥
```
    0.65
×      8
```

## 2 計算をしましょう。

1つ4点【16点】

①
```
      4.54
×       24
    1 8 1 6
    9 0 8
  1 0 8.9 6
```

②
```
      2.14
×       32
```

③
```
      6.23
×       47
```

④
```
      4.72
×       15
```

けたがふえても
整数のかけ算と
同じように
計算しよう!

**3** 計算をしましょう。

① 
$$\begin{array}{r} 2.38 \\ \times\ \ \ \ 3 \\ \hline \end{array}$$

② 
$$\begin{array}{r} 5.43 \\ \times\ \ \ \ 2 \\ \hline \end{array}$$

③ 
$$\begin{array}{r} 0.89 \\ \times\ \ \ \ 5 \\ \hline \end{array}$$

④ 
$$\begin{array}{r} 8.09 \\ \times\ \ \ \ 3 \\ \hline \end{array}$$

⑤ 
$$\begin{array}{r} 1.45 \\ \times\ \ \ \ 6 \\ \hline \end{array}$$

⑥ 
$$\begin{array}{r} 2.25 \\ \times\ \ \ \ 4 \\ \hline \end{array}$$

⑦ 
$$\begin{array}{r} 0.093 \\ \times\ \ \ \ \ \ 7 \\ \hline \end{array}$$

⑧ 
$$\begin{array}{r} 0.055 \\ \times\ \ \ \ \ \ 8 \\ \hline \end{array}$$

**4** 計算をしましょう。

① 
$$\begin{array}{r} 2.04 \\ \times\ \ \ 23 \\ \hline \end{array}$$

② 
$$\begin{array}{r} 4.72 \\ \times\ \ \ 58 \\ \hline \end{array}$$

③ 
$$\begin{array}{r} 0.024 \\ \times\ \ \ \ 16 \\ \hline \end{array}$$

④ 
$$\begin{array}{r} 1.945 \\ \times\ \ \ \ 26 \\ \hline \end{array}$$

小数第3位までのかけ算もできたね。

答え ▶ 84ページ

## 12 小数のかけ算・わり算
# 小数のかけ算の練習

**1** 計算をしましょう。　　　　　　　　　　　　　　1つ3点【6点】

① 0.9×6　　　　　　　② 1.4×5

**2** 計算をしましょう。　　　　　　　　　　　　　　1つ2点【16点】

① 
```
    1.7
  ×   4
```

② 
```
    3.6
  ×   9
```

③ 
```
    4.5
  ×   6
```

④ 
```
   26.8
  ×    3
```

⑤ 
```
    3.2
  ×  28
```

⑥ 
```
    5.7
  ×  43
```

⑦ 
```
    1.8
  ×  25
```

⑧ 
```
    2.4
  ×  30
```

**3** 計算をしましょう。　　　　　　　　　　　　　　1つ3点【18点】

① 
```
   0.14
  ×    6
```

② 
```
   3.59
  ×    2
```

③ 
```
   0.85
  ×    6
```

④ 
```
   1.92
  ×   34
```

⑤ 
```
   7.46
  ×   23
```

⑥ 
```
   3.28
  ×   25
```

**4** 計算をしましょう。

① 
$$\begin{array}{r} 6.9 \\ \times\ \ 3 \\ \hline \end{array}$$

② 
$$\begin{array}{r} 8.4 \\ \times\ \ 5 \\ \hline \end{array}$$

③ 
$$\begin{array}{r} 7.9 \\ \times\ \ 8 \\ \hline \end{array}$$

④ 
$$\begin{array}{r} 3.4 \\ \times\ 29 \\ \hline \end{array}$$

⑤ 
$$\begin{array}{r} 1.6 \\ \times\ 70 \\ \hline \end{array}$$

⑥ 
$$\begin{array}{r} 14.7 \\ \times\ \ 26 \\ \hline \end{array}$$

⑦ 
$$\begin{array}{r} 2.78 \\ \times\ \ 45 \\ \hline \end{array}$$

**5** 計算をしましょう。

① 
$$\begin{array}{r} 0.27 \\ \times\ \ \ 3 \\ \hline \end{array}$$

② 
$$\begin{array}{r} 3.56 \\ \times\ \ \ 2 \\ \hline \end{array}$$

③ 
$$\begin{array}{r} 0.15 \\ \times\ \ \ 6 \\ \hline \end{array}$$

④ 
$$\begin{array}{r} 3.58 \\ \times\ \ 24 \\ \hline \end{array}$$

⑤ 
$$\begin{array}{r} 1.13 \\ \times\ \ 82 \\ \hline \end{array}$$

⑥ 
$$\begin{array}{r} 2.29 \\ \times\ \ 35 \\ \hline \end{array}$$

⑦ 
$$\begin{array}{r} 0.094 \\ \times\ \ \ \ 6 \\ \hline \end{array}$$

⑧ 
$$\begin{array}{r} 1.725 \\ \times\ \ \ 48 \\ \hline \end{array}$$

くり上がりにも
気をつけよう。

今日もよくがんばったね！

答え ▶ 84ページ

# $\dfrac{1}{10}$, $\dfrac{1}{100}$ にした数

月　日　10分
得点　　　　　点

**1** 次の数を $\dfrac{1}{10}$ にした数を書きましょう。　　　1つ3点【18点】

① 0.38　　　( 0.038 )

| | $\dfrac{1}{10}$ の位 | $\dfrac{1}{100}$ の位 | $\dfrac{1}{1000}$ の位 | |
|---|---|---|---|---|
| 一の位 | | | | |
| 0 . | 3 | 8 | | |
| 0 . | 0 | 3 | 8 | |

$\dfrac{1}{10}$ にすると、位は 1けたずつ 下がる。

② 9.42　　　( 　　　 )

③ 0.5　　　( 　　　 )　　④ 17　　　( 　　　 )

⑤ 43.62　　( 　　　 )　　⑥ 5.1　　　( 　　　 )

**2** 次の数を $\dfrac{1}{100}$ にした数を書きましょう。　　　1つ3点【18点】

① 0.29　　　( 0.0029 )　　② 7.85　　( 　　　 )

$\dfrac{1}{100}$ にすると、位は 2けたずつ下がる。

③ 0.6　　　( 　　　 )　　④ 2　　　( 　　　 )

⑤ 65　　　( 　　　 )　　⑥ 410　　　( 　　　 )

**3** 次の数を書きましょう。　　　1つ4点【8点】

① 3.14を10でわった数　　　( 　　　 )

10でわった数は $\dfrac{1}{10}$ にした数と同じだね。

② 0.05を100でわった数　　　( 　　　 )

29

**4** 次の数を$\frac{1}{10}$にした数を書きましょう。

1つ3点【18点】

① 0.43 （　　　　） ② 5.28 （　　　　）

③ 0.7 （　　　　） ④ 46 （　　　　）

⑤ 8 （　　　　） ⑥ 830 （　　　　）

**5** 次の数を$\frac{1}{100}$にした数を書きましょう。

1つ3点【18点】

① 0.87 （　　　　） ② 1.89 （　　　　）

③ 0.5 （　　　　） ④ 270 （　　　　）

⑤ 3 （　　　　） ⑥ 38 （　　　　）

**6** 次の数を書きましょう。

1つ5点【20点】

① 0.56を10でわった数 （　　　　）

② 7を100でわった数 （　　　　）

③ $2.34 \times \frac{1}{10}$ ④ $0.92 \times \frac{1}{10}$

$\frac{1}{10}$，$\frac{1}{100}$にした数は完ペキだね！

答え ▶ 85ページ

# 14 小数÷整数

月　日　**10**分

得点　　　点

## 1 計算をしましょう。

1つ4点【32点】

① $4.8 \div 2 =$ 2.4

4.8を10倍して，48÷2＝24
24を10でわって，2.4

② $6.9 \div 3 =$ 

③ $4.2 \div 2 =$ 

④ $8.8 \div 4 =$ 

⑤ $0.6 \div 2 =$ 

⑥ $0.8 \div 8 =$ 

⑦ $1.2 \div 6 =$ 

⑧ $3.6 \div 9 =$ 

## 2 計算をしましょう。

1つ3点【12点】

① $2 \div 5 =$ 0.4

2を10倍して，20÷5＝4
4を10でわって，0.4

② $1 \div 2 =$ 

③ $0.1 \div 5 =$ 

0.1を100倍して，10÷5＝2
2を100でわって，0.02

④ $0.3 \div 6 =$ 

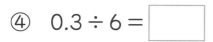

わられる数を
10倍して，
商を10で
わろう。

31

**3** 計算をしましょう。 1つ4点【32点】

① $8.4 \div 4$

② $9.9 \div 3$

③ $0.8 \div 2$

④ $0.7 \div 7$

⑤ $1.6 \div 8$

⑥ $5.4 \div 9$

⑦ $6.4 \div 4$

⑧ $7.2 \div 3$

**4** 計算をしましょう。 1つ4点【24点】

① $2 \div 4$

② $0.4 \div 8$

③ $0.63 \div 7$

④ $0.09 \div 3$

⑤ $28.8 \div 4$

⑥ $40.5 \div 5$

整数÷整数もふく習しておこう！

答え ▶ 85ページ

# 15 小数のかけ算・わり算
## 小数÷整数の筆算①

**1** 計算をしましょう。　　　1つ5点【30点】

① 
```
    2.8
3)8.4
    6
    2 4
    2 4
      0
```

❶一の位の8を3でわる。
```
    2
3)8.4
    6
    2
```
➡ ❷わられる数の小数点にそろえて，商の小数点をうつ。
```
    2.
3)8.4
    6
    2
```
➡ ❸1/10の位の4をおろす。
```
    2.
3)8.4
    6
    2 4
```
➡ ❹24を3でわる。
```
    2.8
3)8.4
    6
    2 4
    2 4
      0
```

② 
```
2)6.4
```

③ 
```
5)6.5
```

④ 
```
4)59.2
```

⑤ 
```
    4.6
6)27.6
    2 4
      3 6
      3 6
        0
```
商は，十の位にはたたないので，一の位からたてる。

⑥ 
```
9)61.2
```

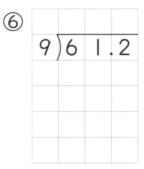

⑤，⑥は商が一の位からたつね！

**2** 計算をしましょう。　　　1つ5点【15点】

① 
```
    0.6
7)4.2
    4 2
      0
```
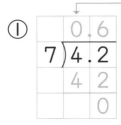
商が一の位にたたない。
↓
商の一の位に0を書き，小数点をうつ。

② 
```
8)5.6
```

③ 
```
5)4.5
```

## 3 計算をしましょう。

1つ5点【40点】

① $6\overline{)7.8}$

② $4\overline{)9.2}$

③ $5\overline{)87.5}$

④ $7\overline{)75.6}$

⑤ $8\overline{)40.8}$

⑥ $9\overline{)50.4}$

⑦ $4\overline{)28.8}$

⑧ $8\overline{)79.2}$

## 4 計算をしましょう。

1つ5点【15点】

① $5\overline{)3.5}$

② $9\overline{)2.7}$

③ $2\overline{)0.8}$

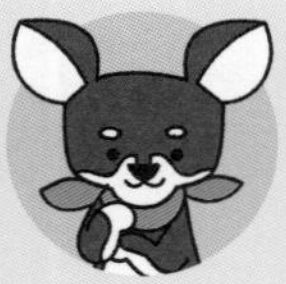

商が何の位からたつか，分かるようになったかな？

答え ▶ 86ページ

# 16 小数のかけ算・わり算
# 小数÷整数の筆算②

## 1 計算をしましょう。

1つ3点【12点】

①
```
        1.6
4 2)6 7.2
    4 2
    2 5 2
    2 5 2
        0
```

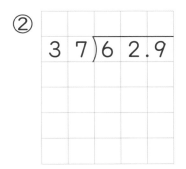

❶67を42でわる。

❷商の小数点をうつ。

❸1/10の位の2をおろす。

❹252を42でわる。

②
```
3 7)6 2.9
```

③
```
2 4)7 6.8
```

④
```
1 7)6 1.2
```

## 2 計算をしましょう。

1つ5点【25点】

①
```
        0.6
4 3)2 5.8
    2 5 8
        0
```

②
```
1 3)3.9
```

商の一の位に0を書いて，小数点をうとう。

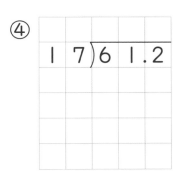

③
```
2 3)9.2
```

④
```
6 1)5 4.9
```

⑤
```
5 7)4 5.6
```

35

## 3 計算をしましょう。

1つ5点【45点】

① 63)88.2

② 26)96.2

③ 18)75.6

④ 14)72.8

⑤ 17)71.4

⑥ 13)40.3

⑦ 36)176.4

⑧ 18)140.4

⑨ 46)285.2

## 4 計算をしましょう。

1つ6点【18点】

① 12)9.6

② 27)8.1

③ 68)47.6

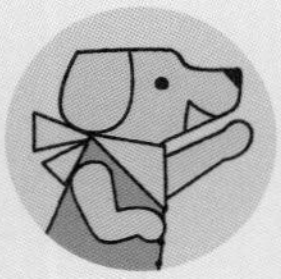

わる数が2けたになってもやり方は同じだよ！


答え ▶ 86ページ

# 17 小数÷整数の筆算③

## 1 計算をしましょう。

1つ5点【30点】

①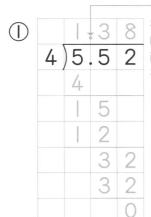

わられる数にそろえて，商の小数点をうつ。

```
    1.38
  4)5.52
    4
    1 5
    1 2
      3 2
      3 2
        0
```

② 
```
  2)6.18
```

③
```
  3)8.43
```

④ 
```
    0.
  7)5.04
```

⑤ 
```
  1 3)4.68
```

⑥ 
```
  3 4)8.16
```

## 2 計算をしましょう。

1つ5点【15点】

① 
```
    0.04
  8)0.32
    3 2
      0
```

② 
```
  2 6)0.78
```

③ 
```
  6)0.504
```

 $\frac{1}{10}$の位に0を書いて，計算を進めよう。

**3** 計算をしましょう。

1つ5点【30点】

① $4\overline{)8.56}$

② $6\overline{)9.84}$

③ $9\overline{)49.68}$

④ $8\overline{)6.24}$

⑤ $3\overline{)0.87}$

⑥ $73\overline{)9.49}$

**4** 計算をしましょう。

1つ5点【25点】

① $6\overline{)0.54}$

② $64\overline{)2.56}$

③ $39\overline{)3.12}$

④ $8\overline{)0.408}$

⑤ $46\overline{)0.322}$

⑤の商は $\frac{1}{1000}$ の位からたつよ。

よくできたね！

答え ▶ 87ページ

# 18 小数÷整数の筆算④

**1** 商は一の位まで求め，あまりも出しましょう。
また，けん算もしましょう。

わり算，けん算1つ5点【50点】

①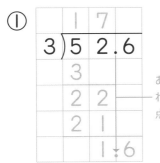

〔けん算〕

…わる数　…商　…あまり　↑わられる数

あまりは，0.1が16こ
あるということだね。

② 4)36.3

〔けん算〕

□ × □ + □ = □

③ 7)45.8

〔けん算〕

□ × □ + □ = □

④ 16)71.2

〔けん算〕

□ × □ + □ = □

⑤ 24)90.5

〔けん算〕

□ × □ + □ = □

**2** 商は一の位まで求め，あまりも出しましょう。
また，けん算もしましょう。

わり算，けん算1つ4点【32点】

① $3\overline{)85.3}$

[けん算]

② $6\overline{)48.9}$

[けん算]

③ $13\overline{)80.5}$

[けん算]

④ $37\overline{)75.6}$

[けん算]

**3** 商を $\frac{1}{10}$ の位まで求めて，あまりも出しましょう。

1つ9点【18点】

① $2\overline{)3.5}$

② $8\overline{)5.8}$

半分までできたよ。残りもファイト！

答え ▶ 87ページ

# 19 小数÷整数の筆算⑤

月　日　10分

得点　　　点

**1** わりきれるまで計算しましょう。

1つ4点【16点】

① 
```
    1.2 5
6)7.5 0
  6
  1 5
  1 2
    3 0
    3 0
      0
```

❶7.5÷6を計算する。
```
  1.2
6)7.5
  6
  1 5
  1 2
    3
```
➡ ❷7.5を7.50と考え，0をおろす。
```
  1.2
6)7.5 0
  6
  1 5
  1 2
    3 0
```
➡ ❸30÷6を計算して，わり進む。
```
  1.2 5
6)7.5 0
  6
  1 5
  1 2
    3 0
    3 0
      0
```

② 
```
    4.
8)3 6
  3 2
    4
```

③ 
```
4)1.8
```

④ 
```
3 2)1 4.4
```

**2** わりきれるまで計算しましょう。

1つ4点【12点】

① 
```
      2.2 5
2 4)5 4
    4 8
      6 0
      4 8
      1 2 0
      1 2 0
          0
```

② 
```
3 2)2.4
```

③ 
```
8)3
```

**3** わりきれるまで計算しましょう。 1つ8点【48点】

① $5\overline{)8.2}$

② $8\overline{)2.8}$

③ $6\overline{)0.3}$

④ $24\overline{)68.4}$

⑤ $42\overline{)27.3}$

⑥ $4\overline{)1}$

**4** わりきれるまで計算しましょう。 1つ8点【24点】

① $4\overline{)5.9}$

② $32\overline{)13.6}$

③ $16\overline{)52}$

わり進むわり算もバッチリだね！

答え ▶ 88ページ

# 20 小数÷整数の筆算⑥

**1** 商は四捨五入して，上から2けたのがい数で求めましょう。　1つ5点【10点】

①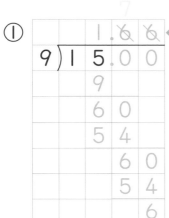

← 上から3けためを四捨五入する。

5，6，7，8，9は切り上げよう。

② 　　↓0はけた数にふくめない。

0，1，2，3，4は切り捨てるよ。

**2** 商は四捨五入して，$\frac{1}{10}$ の位までのがい数で求めましょう。　1つ6点【24点】

①

← $\frac{1}{100}$ の位で四捨五入する。

②
```
26)7.18
```

③
```
23)19.1
```

④
```
70)145
```

**3** 商は四捨五入して，①，②は上から2けたのがい数で，③は上から1けたのがい数で求めましょう。

1つ6点【18点】

① 
$$9\overline{)21}$$

② 
$$17\overline{)36.9}$$

③ 
$$6\overline{)9.4}$$

**4** 商は四捨五入して，$\frac{1}{10}$の位までのがい数で求めましょう。 1つ8点【48点】

① 
$$3\overline{)20}$$

② 
$$11\overline{)28}$$

③ 
$$7\overline{)5.3}$$

④ 
$$38\overline{)8.34}$$

⑤ 
$$19\overline{)24.6}$$

⑥ 
$$22\overline{)2}$$

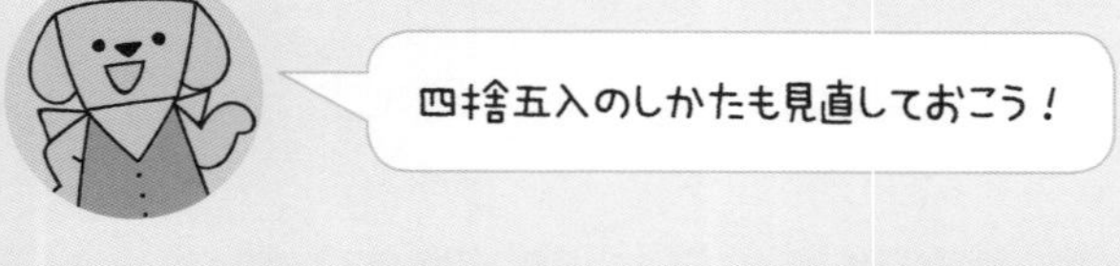

四捨五入のしかたも見直しておこう！

答え ▶ 88ページ

**21** 小数のかけ算・わり算
# 小数のわり算の練習①

月　日　**10**分

得点　　　　点

**1** 計算をしましょう。　　　　　　　　　　　　　1つ2点【4点】

① 0.8 ÷ 4　　　　　　② 6.3 ÷ 9

**2** 計算をしましょう。　　　　　　　　　　　　　1つ4点【36点】

①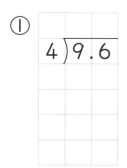

②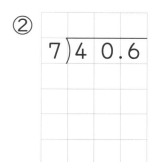

③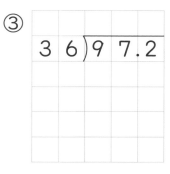

④ 
6)4.2

⑤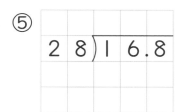

⑥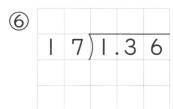

⑦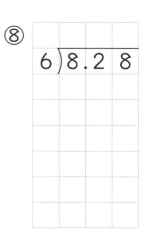
3)82.5

⑧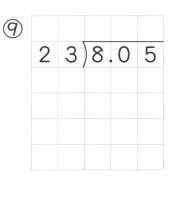
6)8.28

⑨ 
23)8.05

① $3\overline{)5.4}$

② $8\overline{)59.2}$

③ $16\overline{)75.2}$

④ $3\overline{)70.2}$

⑤ $47\overline{)89.3}$

⑥ $5\overline{)8.65}$

⑦ $4\overline{)8.32}$

⑧ $7\overline{)2.59}$

⑨ $53\overline{)26.5}$

⑩ $19\overline{)1.52}$

⑪ $6\overline{)0.48}$

⑫ $29\overline{)0.174}$

よくできました♪

答え ▶ 89ページ

# 小数のわり算の練習②

月　日　10分

得点　　　　　点

**1** 商は一の位まで求め，あまりも出しましょう。　1つ5点【25点】

① 6)75.4

② 3)21.2

③ 8)50.3

④ 15)76.4

⑤ 23)93.7

ある数×商＋あまり
＝わられる数
になっているかな？

**2** わりきれるまで計算しましょう。　1つ6点【18点】

① 14)17.5

② 8)5.2

③ 5)0.3

**3** 商は $\frac{1}{10}$ の位まで求め，あまりも出しましょう。

① 9)17

② 12)35

③ 3)2.2

④ 38)7.08

⑤ 18)64.3

⑥ 30)256

**4** 商は四捨五入して，上から2けたのがい数で求めましょう。

① 7)13

② 6)2

③ 13)41.5

小数のわり算ができるようになったね。

答え ▶ 89ページ

#  23 小数のかけ算・わり算の練習

月　日　10分

得点　　　　　点

**1** 計算をしましょう。

1つ4点【28点】

① 1.9 × 3

② 7.6 × 5

③ 61.7 × 4

④ 3.5 × 80

⑤ 4.2 × 17

⑥ 23.9 × 14

⑦ 17.5 × 28

積に小数点をうったかな？

**2** わりきれるまで計算しましょう。

1つ4点【24点】

① 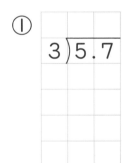 3)5.7

② 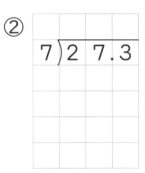 7)27.3

③ 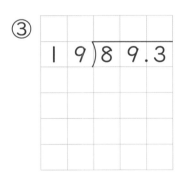 19)89.3

④ 4)1.8

⑤ 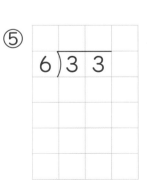 6)33

⑥ 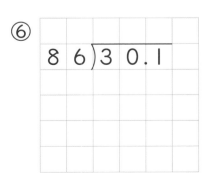 86)30.1

**3** 計算をしましょう。

① 
$$\begin{array}{r} 1.59 \\ \times\quad 4 \\ \hline \end{array}$$

② 
$$\begin{array}{r} 0.35 \\ \times\quad 6 \\ \hline \end{array}$$

③ 
$$\begin{array}{r} 0.097 \\ \times\quad\quad 3 \\ \hline \end{array}$$

④ 
$$\begin{array}{r} 2.53 \\ \times\quad 26 \\ \hline \end{array}$$

⑤ 
$$\begin{array}{r} 4.18 \\ \times\quad 23 \\ \hline \end{array}$$

⑥ 
$$\begin{array}{r} 1.224 \\ \times\quad\quad 75 \\ \hline \end{array}$$

**4** わりきれるまで計算しましょう。

① 
$$4\overline{)7.76}$$

② 
$$7\overline{)4.69}$$

③ 
$$36\overline{)9.72}$$

④ 
$$29\overline{)2.03}$$

⑤ 
$$12\overline{)51}$$

⑥ 
$$8\overline{)2}$$

アプリに，得点を登録しよう！

答え ▶ 90ページ

**1** 下の数は，あきらさん，ちなつさん，ふゆかさん，はるとさんが，①～④のかけ算を計算した答えだよ。でも，1人だけ計算をまちがえているよ。あみだをたどってまちがえた人を見つけ，正しい答えを書こう。

① 
$$0.96 \times 5$$

② 
$$3.75 \times 8$$

③ 
$$1.84 \times 25$$

④ 
$$6.25 \times 40$$

（※「あみだ」は曲がり角を必ず曲がって，下に向かって進んでいきます。）

あきら 46 だと思う！

ちなつ 25 かな？

ふゆか 4.8 ね！

はると 30 です！

| 答え | まちがえたのは　　　　　　さん，正しい答えは |
| --- | --- |

**2** こんどは，はやてさん，つばささん，ひかりさん，のぞみさんが，①〜④のわり算をわりきれるまで計算したよ。でも，1人だけ計算をまちがえているよ。あみだをたどってまちがえた人を見つけ，正しい答えを書こう。

① $8\overline{)5.2}$

② $4\overline{)7.4}$

③ $32\overline{)17.6}$

④ $16\overline{)23.2}$

はやて 5.5 かな！

つばさ 1.85 だね。

ひかり 1.45 です。

のぞみ 0.65 だよ！

答え　まちがえたのは　　　　　さん，正しい答えは

答え ▶ 90ページ

# 25 分数のたし算

月　日　10分

得点

点

**1** 計算をしましょう。

1つ4点【40点】

① $\dfrac{1}{3} + \dfrac{1}{3} = \dfrac{2}{3}$

$\dfrac{1}{3}$ をもとにして，分子の 1＋1 を計算する。

➡ $\dfrac{1}{3}$ の2こ分で $\dfrac{2}{3}$

② $\dfrac{1}{4} + \dfrac{2}{4} = \dfrac{\square}{4}$

③ $\dfrac{4}{7} + \dfrac{2}{7} = \dfrac{\square}{7}$

$\dfrac{7}{5} = 1\dfrac{2}{5}$

7÷5＝1あまり2

④ $\dfrac{3}{5} + \dfrac{4}{5} = \dfrac{7}{5} \quad \left(1\dfrac{2}{5}\right)$

⑤ $\dfrac{2}{4} + \dfrac{3}{4} = \dfrac{\square}{4} \quad \left(\square\dfrac{\square}{4}\right)$

⑥ $\dfrac{7}{8} + \dfrac{6}{8} = \dfrac{\square}{8} \quad \left(\square\dfrac{\square}{8}\right)$

⑦ $\dfrac{5}{7} + \dfrac{6}{7} = \dfrac{\square}{7} \quad \left(\square\dfrac{\square}{7}\right)$

⑩は $\dfrac{10}{5}$ だから，10÷5＝2で整数になるね。

⑧ $\dfrac{7}{5} + \dfrac{2}{5} = \dfrac{\square}{5} \quad \left(\square\dfrac{\square}{5}\right)$

⑨ $\dfrac{10}{9} + \dfrac{12}{9} = \dfrac{\square}{9} \quad \left(\square\dfrac{\square}{9}\right)$ ⑩ $\dfrac{6}{5} + \dfrac{4}{5} = \dfrac{\square}{5} = \square$

## 2 計算をしましょう。

① $\dfrac{1}{5} + \dfrac{2}{5}$

② $\dfrac{2}{3} + \dfrac{2}{3}$

答えは仮分数でも
帯分数でもいいよ。

③ $\dfrac{8}{7} + \dfrac{1}{7}$

④ $\dfrac{9}{8} + \dfrac{6}{8}$

⑤ $\dfrac{2}{4} + \dfrac{7}{4}$

⑥ $\dfrac{9}{5} + \dfrac{4}{5}$

⑦ $\dfrac{7}{5} + \dfrac{7}{5}$

⑧ $\dfrac{12}{7} + \dfrac{11}{7}$

⑨ $\dfrac{10}{9} + \dfrac{8}{9}$

⑩ $\dfrac{5}{4} + \dfrac{7}{4}$

分母はそのまま，分子を計算するんだね！

答え ▶ 91ページ

分数のたし算・ひき算
# 帯分数のたし算①

**1** 計算をしましょう。

1つ5点【40点】

① $1\dfrac{3}{7} + 2\dfrac{2}{7} = \boxed{3}\dfrac{\boxed{5}}{\boxed{7}}$

$1\dfrac{3}{7} + 2\dfrac{2}{7} = 3 + \dfrac{5}{7} = 3\dfrac{5}{7}\left(\dfrac{26}{7}\right)$

整数部分と分数部分に分けて計算する。

② $2\dfrac{1}{3} + 1\dfrac{1}{3} = \boxed{\phantom{0}}\dfrac{\boxed{\phantom{0}}}{\boxed{\phantom{0}}}$

③ $3\dfrac{5}{9} + 2\dfrac{2}{9} = \boxed{\phantom{0}}\dfrac{\boxed{\phantom{0}}}{\boxed{\phantom{0}}}$

④ $2\dfrac{1}{4} + \dfrac{2}{4} = \boxed{\phantom{0}}\dfrac{\boxed{\phantom{0}}}{\boxed{\phantom{0}}}$

⑤ $1\dfrac{3}{7} + \dfrac{2}{7} = \boxed{\phantom{0}}\dfrac{\boxed{\phantom{0}}}{\boxed{\phantom{0}}}$

⑥ $\dfrac{3}{5} + 4\dfrac{1}{5} = \boxed{\phantom{0}}\dfrac{\boxed{\phantom{0}}}{\boxed{\phantom{0}}}$

⑦ $\dfrac{4}{9} + 3\dfrac{3}{9} = \boxed{\phantom{0}}\dfrac{\boxed{\phantom{0}}}{\boxed{\phantom{0}}}$

⑧ $2 + 1\dfrac{1}{3} = \boxed{\phantom{0}}\dfrac{\boxed{\phantom{0}}}{\boxed{\phantom{0}}}$

**2** 計算をしましょう。

① $1\frac{2}{7} + 1\frac{4}{7}$

② $2\frac{3}{8} + 3\frac{2}{8}$

答えは仮分数でも
帯分数でもいいよ。

③ $5\frac{2}{6} + 2\frac{3}{6}$

④ $3\frac{1}{7} + 2\frac{5}{7}$

⑤ $1\frac{6}{9} + 4\frac{2}{9}$

⑥ $4\frac{3}{8} + 3\frac{4}{8}$

⑦ $1\frac{1}{5} + \frac{2}{5}$

⑧ $2\frac{2}{4} + \frac{1}{4}$

⑨ $\frac{3}{9} + 3\frac{2}{9}$

⑩ $\frac{2}{7} + 2\frac{2}{7}$

⑪ $4 + 2\frac{3}{4}$

⑫ $2 + 3\frac{5}{9}$

計算力がついてきたね。

答え ▶ 91ページ

分数のたし算・ひき算

# 帯分数のたし算②

得点　　　点

**1** 計算をしましょう。

1つ5点【40点】

① $1\dfrac{2}{3}+\dfrac{2}{3}=1\dfrac{4}{3}=2\dfrac{1}{3}$

分数部分が仮分数になったときは,
整数部分にくり上げる。

$\dfrac{4}{3}$ は $1\dfrac{1}{3}$ だから, $1\dfrac{4}{3}=1+1\dfrac{1}{3}=2\dfrac{1}{3}$

② $1\dfrac{2}{5}+\dfrac{4}{5}=1\dfrac{\square}{\square}=\square\dfrac{\square}{\square}$

③ $\dfrac{5}{7}+2\dfrac{4}{7}=2\dfrac{\square}{\square}=\square\dfrac{\square}{\square}$

分数部分が整数部分に
くり上がったことをわすれずに!

④ $\dfrac{4}{8}+1\dfrac{5}{8}=1\dfrac{\square}{\square}=\square\dfrac{\square}{\square}$

⑤ $1\dfrac{4}{5}+1\dfrac{3}{5}=2\dfrac{\square}{\square}=\square\dfrac{\square}{\square}$

$\underset{1+1}{\uparrow}$

⑥ $2\dfrac{2}{3}+1\dfrac{2}{3}=3\dfrac{\square}{\square}=\square\dfrac{\square}{\square}$

⑦ $1\dfrac{3}{5}+\dfrac{2}{5}=1\dfrac{\square}{\square}=\square$

⑧ $1\dfrac{4}{9}+1\dfrac{5}{9}=2\dfrac{\square}{\square}=\square$

**2** 計算をしましょう。

① $1\dfrac{3}{4} + \dfrac{2}{4}$

② $2\dfrac{4}{5} + \dfrac{3}{5}$

③ $\dfrac{6}{7} + 2\dfrac{4}{7}$

④ $\dfrac{7}{9} + 3\dfrac{3}{9}$

⑤ $1\dfrac{3}{6} + 3\dfrac{4}{6}$

⑥ $2\dfrac{2}{5} + 1\dfrac{4}{5}$

⑦ $2\dfrac{6}{7} + 2\dfrac{5}{7}$

⑧ $3\dfrac{5}{9} + 1\dfrac{8}{9}$

⑨ $1\dfrac{3}{6} + \dfrac{3}{6}$

⑩ $\dfrac{5}{8} + 2\dfrac{3}{8}$

⑪ $1\dfrac{3}{4} + 3\dfrac{1}{4}$

⑫ $2\dfrac{7}{9} + 3\dfrac{2}{9}$

分数のたし算は分かったかな？

答え ▶ 92ページ

**1** 計算をしましょう。

1つ4点【24点】

① $\dfrac{3}{7} + \dfrac{6}{7}$

② $\dfrac{3}{6} + \dfrac{8}{6}$

③ $\dfrac{7}{3} + \dfrac{1}{3}$

④ $\dfrac{7}{5} + \dfrac{4}{5}$

⑤ $\dfrac{7}{9} + \dfrac{2}{9}$

⑥ $\dfrac{5}{7} + \dfrac{9}{7}$

**2** 計算をしましょう。

1つ4点【24点】

① $2\dfrac{4}{9} + 1\dfrac{3}{9}$

② $2\dfrac{1}{7} + 2\dfrac{4}{7}$

③ $\dfrac{4}{5} + 1\dfrac{4}{5}$

④ $3\dfrac{4}{8} + \dfrac{7}{8}$

⑤ $3\dfrac{2}{4} + 2\dfrac{3}{4}$

⑥ $3\dfrac{2}{6} + 2\dfrac{4}{6}$

帯分数は大きさが
分かりやすいね。

**3** 計算をしましょう。

1つ4点【28点】

① $\dfrac{5}{8} + \dfrac{6}{8}$

② $\dfrac{7}{9} + \dfrac{3}{9}$

③ $\dfrac{5}{4} + \dfrac{2}{4}$

④ $\dfrac{2}{3} + \dfrac{5}{3}$

⑤ $\dfrac{9}{7} + \dfrac{10}{7}$

⑥ $\dfrac{3}{7} + \dfrac{4}{7}$

⑦ $\dfrac{7}{4} + \dfrac{1}{4}$

**4** 計算をしましょう。

1つ4点【24点】

① $2\dfrac{2}{8} + \dfrac{3}{8}$

② $3\dfrac{3}{7} + 1\dfrac{3}{7}$

③ $5 + 2\dfrac{5}{6}$

④ $2\dfrac{5}{7} + 1\dfrac{6}{7}$

⑤ $\dfrac{3}{5} + 3\dfrac{2}{5}$

⑥ $4\dfrac{5}{9} + 3\dfrac{4}{9}$

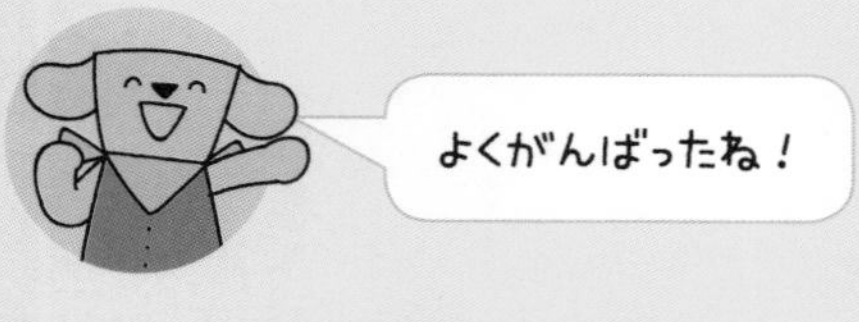

よくがんばったね！

答え ▶ 92ページ

**1** 計算をしましょう。

1つ5点【40点】

① $\dfrac{6}{5} - \dfrac{4}{5} = \dfrac{\boxed{2}}{5}$

$\dfrac{1}{5}$ をもとにして，分子の6−4を計算する。

➡ $\dfrac{1}{5}$ の2こ分で $\dfrac{2}{5}$

② $\dfrac{9}{7} - \dfrac{5}{7} = \dfrac{\boxed{\phantom{2}}}{7}$

③ $\dfrac{10}{9} - \dfrac{5}{9} = \dfrac{\boxed{\phantom{2}}}{9}$

④ $\dfrac{10}{4} - \dfrac{5}{4} = \dfrac{\boxed{5}}{4}$

$\overset{10-5}{\downarrow}$

帯分数になおしてもよい。

$\left( = \boxed{1}\dfrac{\boxed{1}}{\boxed{4}} \right)$

⑤ $\dfrac{14}{5} - \dfrac{3}{5} = \dfrac{\boxed{\phantom{2}}}{5}$

$\left( = \boxed{\phantom{2}}\dfrac{\boxed{\phantom{2}}}{\boxed{\phantom{2}}} \right)$

⑥ $\dfrac{8}{3} - \dfrac{2}{3} = \dfrac{\boxed{6}}{3} = \boxed{2}$

$\overset{8-2}{\downarrow}$

答えが整数になおせるときは，整数になおす。

⑦ $\dfrac{8}{5} - \dfrac{3}{5} = \dfrac{\boxed{\phantom{2}}}{5} = \boxed{\phantom{2}}$

⑧ $\dfrac{19}{6} - \dfrac{7}{6} = \dfrac{\boxed{\phantom{2}}}{6} = \boxed{\phantom{2}}$

計算をしましょう。

① $\dfrac{7}{5} - \dfrac{4}{5}$

② $\dfrac{9}{8} - \dfrac{4}{8}$

③ $\dfrac{8}{7} - \dfrac{4}{7}$

④ $\dfrac{23}{9} - \dfrac{7}{9}$

答えは仮分数でも
帯分数でもよいよ。

⑤ $\dfrac{7}{3} - \dfrac{5}{3}$

⑥ $\dfrac{11}{3} - \dfrac{7}{3}$

⑦ $\dfrac{22}{7} - \dfrac{6}{7}$

⑧ $\dfrac{7}{6} - \dfrac{1}{6}$

⑨ $\dfrac{17}{5} - \dfrac{7}{5}$

⑩ $\dfrac{20}{3} - \dfrac{5}{3}$

分母はそのまま，分子を計算するんだね。

答え ▶ 93ページ

**1** 計算をしましょう。

1つ5点【40点】

① $2\dfrac{4}{5} - 1\dfrac{2}{5} = \boxed{1}\dfrac{\boxed{2}}{\boxed{5}}$

$2\dfrac{4}{5} - 1\dfrac{2}{5} = 1\dfrac{2}{5}\left(\dfrac{7}{5}\right)$

整数部分と分数部分に分けて計算する。

② $3\dfrac{5}{6} - 1\dfrac{4}{6} = \boxed{\phantom{0}}\dfrac{\boxed{\phantom{0}}}{\boxed{\phantom{0}}}$

③ $2\dfrac{7}{9} - 1\dfrac{2}{9} = \boxed{\phantom{0}}\dfrac{\boxed{\phantom{0}}}{\boxed{\phantom{0}}}$

④ $3\dfrac{4}{5} - 2\dfrac{1}{5} = \boxed{\phantom{0}}\dfrac{\boxed{\phantom{0}}}{\boxed{\phantom{0}}}$

⑤ $3\dfrac{3}{4} - \dfrac{2}{4} = \boxed{\phantom{0}}\dfrac{\boxed{\phantom{0}}}{\boxed{\phantom{0}}}$

⑥ $2\dfrac{5}{7} - \dfrac{3}{7} = \boxed{\phantom{0}}\dfrac{\boxed{\phantom{0}}}{\boxed{\phantom{0}}}$

⑦ $1\dfrac{7}{8} - \dfrac{2}{8} = \boxed{\phantom{0}}\dfrac{\boxed{\phantom{0}}}{\boxed{\phantom{0}}}$

⑧ $3\dfrac{1}{4} - 2 = \boxed{\phantom{0}}\dfrac{\boxed{\phantom{0}}}{\boxed{\phantom{0}}}$

整数どうし，分数どうしを計算しよう！

① $2\dfrac{3}{5} - 1\dfrac{2}{5}$

② $3\dfrac{5}{7} - 1\dfrac{2}{7}$

③ $4\dfrac{4}{6} - 3\dfrac{3}{6}$

④ $5\dfrac{8}{9} - 3\dfrac{6}{9}$

⑤ $2\dfrac{2}{3} - \dfrac{1}{3}$

⑥ $2\dfrac{4}{5} - \dfrac{3}{5}$

⑦ $4\dfrac{5}{6} - \dfrac{2}{6}$

⑧ $3\dfrac{7}{9} - \dfrac{3}{9}$

⑨ $3\dfrac{5}{6} - 3\dfrac{4}{6}$

⑩ $1\dfrac{3}{7} - \dfrac{1}{7}$

⑪ $7\dfrac{6}{8} - \dfrac{6}{8}$

⑫ $4\dfrac{8}{9} - 2$

分数のたし算と考え方は同じだね！

答え ▶ 93ページ

**31** 分数のたし算・ひき算
# 帯分数のひき算②

月　日　**10**分

得点

点

---

**1** 計算をしましょう。

1つ5点【30点】

① $2\dfrac{2}{5} - \dfrac{3}{5} = \boxed{1}\dfrac{\boxed{7}}{\boxed{5}} - \dfrac{3}{5} = \boxed{1}\dfrac{\boxed{4}}{\boxed{5}}$

分数部分がひけないときは，整数部分から1くり下げる。

$2\dfrac{2}{5} = 1 + 1\dfrac{2}{5}$

$5 \times 1 + 2 = \boxed{7}$

$= 1 + \dfrac{\boxed{7}}{5}$

$= 1\dfrac{7}{5}$

② $2\dfrac{2}{7} - \dfrac{6}{7} = \boxed{\phantom{0}}\dfrac{\boxed{\phantom{0}}}{\boxed{\phantom{0}}} - \dfrac{6}{7} = \boxed{\phantom{0}}\dfrac{\boxed{\phantom{0}}}{\boxed{\phantom{0}}}$

③ $4\dfrac{1}{9} - \dfrac{5}{9} = \boxed{\phantom{0}}\dfrac{\boxed{\phantom{0}}}{\boxed{\phantom{0}}} - \dfrac{5}{9} = \boxed{\phantom{0}}\dfrac{\boxed{\phantom{0}}}{\boxed{\phantom{0}}}$

④ $1\dfrac{1}{3} - \dfrac{2}{3} = \dfrac{\boxed{\phantom{0}}}{\boxed{\phantom{0}}} - \dfrac{2}{3} = \dfrac{\boxed{\phantom{0}}}{\boxed{\phantom{0}}}$

⑤ $4\dfrac{1}{5} - 1\dfrac{4}{5} = \boxed{3}\dfrac{\boxed{6}}{\boxed{5}} - 1\dfrac{4}{5} = \boxed{2}\dfrac{\boxed{2}}{\boxed{5}}$

2を整数と仮分数の和になおそう。
$2 = 1\dfrac{4}{4}$

⑥ $2 - \dfrac{3}{4} = \boxed{1}\dfrac{\boxed{4}}{\boxed{4}} - \dfrac{3}{4} = \boxed{1}\dfrac{\boxed{1}}{\boxed{4}}$

計算をしましょう。

① $2\dfrac{3}{7} - \dfrac{4}{7}$

② $5\dfrac{2}{6} - \dfrac{3}{6}$

③ $3\dfrac{2}{9} - \dfrac{7}{9}$

④ $1\dfrac{2}{4} - \dfrac{3}{4}$

⑤ $3\dfrac{2}{5} - 1\dfrac{4}{5}$

⑥ $5\dfrac{3}{8} - 2\dfrac{4}{8}$

⑦ $6\dfrac{1}{9} - 2\dfrac{6}{9}$

⑧ $4\dfrac{3}{7} - 3\dfrac{5}{7}$

⑨ $3 - \dfrac{4}{5}$

⑩ $5 - 1\dfrac{2}{3}$

ていねいに計算することが大切だよ！

答え ▶ 94ページ

# 分数のひき算の練習

**1** 計算をしましょう。

1つ4点【24点】

① $\dfrac{8}{5} - \dfrac{4}{5}$

② $\dfrac{9}{7} - \dfrac{4}{7}$

③ $\dfrac{7}{3} - \dfrac{2}{3}$

④ $\dfrac{14}{4} - \dfrac{5}{4}$

⑤ $\dfrac{8}{6} - \dfrac{2}{6}$

⑥ $\dfrac{13}{5} - \dfrac{3}{5}$

**2** 計算をしましょう。

1つ4点【24点】

① $2\dfrac{8}{9} - 1\dfrac{3}{9}$

② $3\dfrac{4}{5} - 1\dfrac{1}{5}$

③ $4\dfrac{6}{7} - \dfrac{3}{7}$

④ $3\dfrac{1}{6} - \dfrac{2}{6}$

⑤ $3\dfrac{2}{8} - 1\dfrac{3}{8}$

⑥ $4 - 1\dfrac{2}{7}$

**3** 計算をしましょう。 1つ4点【24点】

① $\dfrac{7}{5} - \dfrac{3}{5}$

② $\dfrac{8}{7} - \dfrac{5}{7}$

③ $\dfrac{9}{5} - \dfrac{2}{5}$

④ $\dfrac{10}{3} - \dfrac{5}{3}$

⑤ $\dfrac{6}{4} - \dfrac{2}{4}$

⑥ $\dfrac{7}{3} - \dfrac{1}{3}$

**4** 計算をしましょう。 1つ4点【28点】

① $3\dfrac{7}{8} - 1\dfrac{4}{8}$

② $4\dfrac{4}{7} - 2\dfrac{3}{7}$

③ $3\dfrac{2}{5} - \dfrac{4}{5}$

④ $4\dfrac{1}{9} - 3\dfrac{5}{9}$

⑤ $3 - \dfrac{3}{7}$

⑥ $2 - 1\dfrac{3}{4}$

⑦ $7\dfrac{1}{3} - 3$

次は分数のたし算・ひき算の実力をためそう！

答え ▶ 94ページ

# 分数のたし算・ひき算の練習①

月　日　10分

得点　　　　　点

**1** 計算をしましょう。　　　　　　　　　1つ4点【24点】

① $\dfrac{3}{5}+\dfrac{3}{5}$

② $\dfrac{6}{7}+\dfrac{4}{7}$

③ $\dfrac{6}{4}+\dfrac{3}{4}$

④ $\dfrac{7}{8}+\dfrac{9}{8}$

⑤ $\dfrac{7}{9}+\dfrac{13}{9}$

⑥ $\dfrac{10}{3}+\dfrac{2}{3}$

**2** 計算をしましょう。　　　　　　　　　1つ4点【24点】

① $\dfrac{8}{7}-\dfrac{3}{7}$

② $\dfrac{9}{5}-\dfrac{4}{5}$

③ $\dfrac{10}{9}-\dfrac{6}{9}$

④ $\dfrac{8}{4}-\dfrac{3}{4}$

⑤ $\dfrac{17}{6}-\dfrac{5}{6}$

⑥ $\dfrac{17}{3}-\dfrac{1}{3}$

**3** 計算をしましょう。　　　　　　　　　　　　　1つ4点【24点】

① $\dfrac{5}{9} + \dfrac{6}{9}$　　　　　　② $\dfrac{4}{7} + \dfrac{4}{7}$

③ $\dfrac{6}{9} + \dfrac{3}{9}$　　　　　　④ $\dfrac{9}{5} + \dfrac{2}{5}$

⑤ $\dfrac{5}{7} + \dfrac{9}{7}$　　　　　　⑥ $\dfrac{4}{6} + \dfrac{7}{6}$

**4** 計算をしましょう。　　　　　　　　　　　　　1つ4点【28点】

① $\dfrac{6}{5} - \dfrac{4}{5}$　　　　　　② $\dfrac{11}{9} - \dfrac{7}{9}$

③ $\dfrac{9}{8} - \dfrac{1}{8}$　　　　　　④ $\dfrac{8}{5} - \dfrac{1}{5}$

⑤ $\dfrac{10}{7} - \dfrac{8}{7}$　　　　　　⑥ $\dfrac{11}{3} - \dfrac{2}{3}$

⑦ $\dfrac{13}{4} - \dfrac{5}{4}$

もうひとがんばり！

答え ▶ 95ページ

# 34 分数のたし算・ひき算の 練習②

月　　日　　10分
得点

点

**1** 計算をしましょう。　　　　　　　　　　　　　1つ4点【24点】

① $1\dfrac{2}{5} + 2\dfrac{1}{5}$　　　　　　② $\dfrac{4}{9} + 2\dfrac{3}{9}$

③ $1\dfrac{3}{7} + \dfrac{5}{7}$　　　　　　④ $\dfrac{6}{8} + 1\dfrac{5}{8}$

⑤ $2\dfrac{1}{5} + \dfrac{4}{5}$　　　　　　⑥ $3\dfrac{5}{7} + 2\dfrac{4}{7}$

**2** 計算をしましょう。　　　　　　　　　　　　　1つ4点【24点】

① $2\dfrac{7}{9} - 1\dfrac{5}{9}$　　　　　　② $1\dfrac{1}{5} - \dfrac{3}{5}$

③ $2 - \dfrac{5}{7}$　　　　　　　④ $7\dfrac{1}{3} - 3\dfrac{2}{3}$

⑤ $6\dfrac{7}{8} - 3$　　　　　　⑥ $5 - 2\dfrac{1}{5}$

**3** 計算をしましょう。

1つ4点【24点】

① $3\dfrac{1}{9} + \dfrac{4}{9}$

② $\dfrac{4}{5} + 1\dfrac{4}{5}$

③ $2\dfrac{1}{6} + 3\dfrac{4}{6}$

④ $4\dfrac{2}{7} + 2\dfrac{6}{7}$

⑤ $3\dfrac{7}{9} + \dfrac{2}{9}$

⑥ $3\dfrac{3}{8} + 3\dfrac{5}{8}$

**4** 計算をしましょう。

1つ4点【28点】

① $2\dfrac{4}{7} - \dfrac{5}{7}$

② $3 - \dfrac{3}{8}$

③ $8\dfrac{4}{5} - 3\dfrac{2}{5}$

④ $1\dfrac{4}{6} - \dfrac{5}{6}$

⑤ $4 - 3\dfrac{2}{9}$

⑥ $3\dfrac{2}{7} - 2\dfrac{6}{7}$

⑦ $7\dfrac{3}{4} - 5$

分数の計算はバッチリだ！　次はパズルだよ！

答え ▶ 95ページ

❶ レーシングカーがタイヤ交かんのため，ピットに入ってきたよ。でもたいへん，タイヤがばらばらになっていて，前と後ろの組み合わせがわからないよ。タイヤに書いてある計算の答えが同じタイヤどうしが，組になるよ。そして，答えの小さいほうが前のタイヤだよ。前と後ろのタイヤの組み合わせは，どれとどれかな？

あ $\dfrac{4}{7} + \dfrac{5}{7} = \boxed{\phantom{0}}$

い $\dfrac{10}{7} - \dfrac{2}{7} = \boxed{\phantom{0}}$

う $\dfrac{5}{7} + \dfrac{3}{7} = \boxed{\phantom{0}}$

え $\dfrac{11}{7} - \dfrac{2}{7} = \boxed{\phantom{0}}$

| 答え | 前の<br>タイヤは | と | ，後ろの<br>タイヤは | と |

**2** 漁に出る漁船が，港で待っているよ。船の側面に書いてある計算の答えの大きい順に港を出ることになりました。どの順番に港を出るのかな？

あ $2\frac{4}{9} + \frac{6}{9} = \boxed{\phantom{00}}$

い $1\frac{5}{9} + 1\frac{8}{9} = \boxed{\phantom{00}}$

う $2 + 1\frac{7}{9} = \boxed{\phantom{00}}$

え $5\frac{1}{9} - 1\frac{8}{9} = \boxed{\phantom{00}}$

お $6\frac{5}{9} - 3 = \boxed{\phantom{00}}$

か $5 - 1\frac{1}{9} = \boxed{\phantom{00}}$

| 答え | 港を出る順番は | ① | ② | ③ | ④ | ⑤ | ⑥ |
|---|---|---|---|---|---|---|---|
| | | | | | | | |

答え ▶ 95ページ

名前

月　日　**10**分

得点

点

**1** 計算をしましょう。

1つ4点【24点】

①
```
   0.3 5
+ 4.7 8
```

②
```
   3.9
+ 6.5 2
```

③
```
   0.0 2 6
+ 0.8 7 4
```

④
```
   4.6 3
- 3.8 7
```

⑤
```
   5
- 1.4 6
```

⑥
```
   1.7 8
- 1.7 5 3
```

**2** 計算をしましょう。

1つ4点【24点】

①
```
   7.4
×    7
```

②
```
   5.2
×  8 3
```

③
```
   2.6
×  4 0
```

④
```
   2.8 5
×    3 4
```

⑤
```
   1.3 8
×      5
```

⑥
```
   0.3 5 6
×      2 9
```

**3** わりきれるまで計算しましょう。

1つ4点【36点】

① 4)9.6

② 7)40.6

③ 16)75.2

④ 5)6.95

⑤ 23)5.98

⑥ 7)0.511

⑦ 6)51

⑧ 8)7.6

⑨ 15)24.6

**4** 商は四捨五入して，上から2けたのがい数で求めましょう。

1つ8点【16点】

① 7)18

② 9)1

答え ▶ 96ページ

**1** 計算をしましょう。　　　　　　　　　　　　1つ3点【24点】

① $\dfrac{4}{9} + \dfrac{7}{9}$

② $\dfrac{8}{7} + \dfrac{2}{7}$

③ $\dfrac{2}{5} + \dfrac{11}{5}$

④ $\dfrac{2}{8} + \dfrac{6}{8}$

⑤ $\dfrac{8}{4} + \dfrac{3}{4}$

⑥ $\dfrac{9}{6} + \dfrac{8}{6}$

⑦ $\dfrac{3}{5} + \dfrac{7}{5}$

⑧ $\dfrac{11}{10} + \dfrac{9}{10}$

**2** 計算をしましょう。　　　　　　　　　　　　1つ3点【24点】

① $\dfrac{6}{4} - \dfrac{3}{4}$

② $\dfrac{9}{7} - \dfrac{3}{7}$

③ $\dfrac{9}{5} - \dfrac{4}{5}$

④ $\dfrac{9}{6} - \dfrac{5}{6}$

⑤ $\dfrac{12}{4} - \dfrac{5}{4}$

⑥ $\dfrac{17}{4} - \dfrac{5}{4}$

⑦ $\dfrac{16}{7} - \dfrac{5}{7}$

⑧ $\dfrac{13}{3} - \dfrac{5}{3}$

**3** 計算をしましょう。

① $1\frac{2}{7} + 1\frac{2}{7}$

② $1\frac{2}{9} + 4\frac{3}{9}$

③ $2 + 2\frac{3}{6}$

④ $1\frac{2}{4} + \frac{3}{4}$

⑤ $\frac{4}{5} + 2\frac{3}{5}$

⑥ $4\frac{4}{8} + 1\frac{7}{8}$

⑦ $3\frac{1}{9} + \frac{8}{9}$

⑧ $2\frac{3}{7} + 5\frac{4}{7}$

**4** 計算をしましょう。

① $2\frac{8}{9} - \frac{3}{9}$

② $5\frac{6}{7} - 2\frac{1}{7}$

③ $4\frac{2}{4} - \frac{3}{4}$

④ $4\frac{1}{5} - 3\frac{4}{5}$

⑤ $7\frac{2}{8} - 2\frac{7}{8}$

⑥ $5 - 3\frac{1}{6}$

⑦ $3 - 2\frac{2}{3}$

答え ▶ 96ページ

# 答えとアドバイス

▶まちがえた問題は，もう一度やり直しましょう。
▶ **🖊アドバイス** を読んで，学習に役立てましょう。

---

**①** 小数のたし算① 　　5~6ページ

**1** ①8.47　②6.95　③5.26
　　④1.04　⑤4.02　⑥27.51

**2** ①5　②9.6　③12.8
　　④40

**3** ①4.86　②2.78　③8.78
　　④8.61　⑤7.72　⑥10.06
　　⑦8.04　⑧1.14　⑨40.15

**4** ①6　②10.5　③6
　　④8.3　⑤9.6　⑥9.3

**🖊アドバイス** 　小数のたし算の筆算は，次の❶～❸の順に計算します。

**1**の②　❶位をそろえて書く。
小数点の位置をそろえる。

$$\begin{array}{r}4.82\\+2.13\\\hline\end{array}$$

❷整数のたし算と同じように計算する。

$$\begin{array}{r}4.82\\+2.13\\\hline695\end{array}$$

❸上の小数点にそろえて，和の小数点をうつ。
小数点のうちわすれに注意する。

$$\begin{array}{r}4.82\\+2.13\\\hline6.95\end{array}$$

**2**の②
$$\begin{array}{r}9.36\\+0.24\\\hline9.60\end{array}$$
$\frac{1}{100}$の位の0を消して，9.6とする。

④
$$\begin{array}{r}34.91\\+\ \ 5.09\\\hline40.00\end{array}$$
一の位の0は消さない。

---

**②** 小数のたし算② 　　7~8ページ

**1** ①6.24　②7.46　③16.31
　　④24.34　⑤10.93

**2** ①6.802　②0.95　③0.8
　　④0.1　⑤4.375　⑥1.01

**3** ①6.29　②7.05　③15.59
　　④46.03　⑤17.54

**4** ①1.7　②4.019　③1.28
　　④4.036　⑤24.734　⑥16.051
　　⑦1.002　⑧3　⑨10.008

**🖊アドバイス** 　小数点より右のけた数がちがう小数どうしのたし算の筆算は，次のように0をつけたすと，位をそろえやすくなります。

**1**の②
$$\begin{array}{r}2.16\\+5.30\\\hline7.46\end{array}$$
←5.3を5.30と考える。

⑤
$$\begin{array}{r}8.00\\+2.93\\\hline10.93\end{array}$$
←8を8.00と考える。

$\frac{1}{1000}$の位までの小数のたし算も，$\frac{1}{100}$の位までの小数のたし算と同じように計算できます。上の小数点にそろえて，和の小数点をうつことがポイントです。

**2**の④
$$\begin{array}{r}0.038\\+0.062\\\hline0.100\end{array}$$
0を消して，0.1とする。
上の小数点にそろえて和の小数点をうつ。
0をわすれないで書く。

**1** ①4.07　②1.24　③2.98
　④4.36　⑤0.87　⑥0.5
　⑦12.09

**2** ①4.76　　②4.54
　③5.07　　④0.63

**3** ①3.19　②2.72　③0.23
　④2.2　⑤0.47　⑥0.4
　⑦0.4　⑧0.33　⑨0.04

**4** ①1.27　②5.86　③4.05
　④9.03　⑤0.34

💬**アドバイス**　小数のひき算の筆算は，次の❶～❸の順に計算します。

**1の②**　❶位をそろえて書く。
　小数点の位置をそろえる。

$$\begin{array}{r} 4.96 \\ -\ 3.72 \\ \hline \end{array}$$

❷整数のひき算と同じように計算する。

$$\begin{array}{r} 4.96 \\ -\ 3.72 \\ \hline 124 \end{array}$$

❸上の小数点にそろえて，差の小数点をうつ。
　小数点のうちわすれに注意する。

$$\begin{array}{r} 4.96 \\ -\ 3.72 \\ \hline 1.24 \end{array}$$

次の計算では，差の中に出てくる0のあつかいに注意しましょう。

⑤
$$\begin{array}{r} 6.21 \\ -\ 5.34 \\ \hline 0.87 \end{array}$$

一の位の0と小数点を書きわすれて，「87」としないようにする。

⑥
$$\begin{array}{r} 7.48 \\ -\ 6.98 \\ \hline 0.50 \end{array}$$

$\frac{1}{100}$の位の0を消して，0.5とする。

---

**1** ①2.63　②2.16　③1.78
　④0.32　⑤0.57　⑥3.84
　⑦0.02　⑧42.06

**2** ①0.573　　②2.154
　③1.799　　④3.907

**3** ①3.64　②5.15　③0.67
　④0.02　⑤1.47　⑥35.96

**4** ①0.573　②4.478　③0.012
　④2.187　⑤3.305　⑥0.196
　⑦0.903

💬**アドバイス**　小数点より右のけた数がちがう小数のひき算や，整数から小数をひく計算では，次のように0をつけたして計算します。

**1の③**
$$\begin{array}{r} 3.5\textbf{0} \\ -\ 1.72 \\ \hline 1.78 \end{array}$$
←3.5を3.50と考える。

⑥
$$\begin{array}{r} 4.\textbf{00} \\ -\ 0.16 \\ \hline 3.84 \end{array}$$
←4を4.00と考える。

$\frac{1}{1000}$の位までの小数のひき算も，$\frac{1}{100}$の位までの小数のひき算と同じように計算できます。とちゅうの計算が多くなるとミスをしやすくなるので，ていねいに計算しましょう。

**2の①**
$$\begin{array}{r} 1.435 \\ -\ 0.862 \\ \hline 0.573 \end{array}$$
上の小数点にそろえて，差の小数点をうつ。
一の位に0を書くことをわすれないように。

④
$$\begin{array}{r} 4.\textbf{000} \\ -\ 0.093 \\ \hline 3.907 \end{array}$$
←4を4.000と考える。
上の小数点にそろえて，差の小数点をうつ。

**1** ①3.8　　②18.27

**2** ①6, 12.7　　②10, 38
　　③8.9　　④9.3

**3** ①4.8　　②19.14

**4** ①55　　②90
　　③10.4　　④15.44
　　⑤77　　⑥3.96

**⊘アドバイス** **1**の筆算は，次のように します。

$$
\begin{array}{r}
1.3 \\
+\ 2.1 \\
\hline
3.4
\end{array}
\qquad
\begin{array}{r}
6.57 \\
-\ 3.2 \\
\hline
3.37
\end{array}
$$

↓　　　　　↓

$$
\begin{array}{r}
3.4 \\
+\ 0.4 \\
\hline
3.8
\end{array}
\qquad
\begin{array}{r}
3.37 \\
+\ 14.9 \\
\hline
18.27
\end{array}
$$

小数のたし算でも，整数のたし算と 同じように，計算のきまりを使って， くふうして計算することができます。

【計算のきまり】
■＋●＝●＋■
（■＋●）＋▲＝■＋（●＋▲）

**2**の③　3.4＋2.9＋2.6
　　＝3.4＋2.6＋2.9
　　＝6＋2.9
　　＝8.9
うしろの 2つの数を 入れかえる。

④　5.3＋1.62＋2.38
　＝5.3＋（1.62＋2.38）
　＝5.3＋4
　＝9.3
うしろの2 つの数を 先にたす。

**4**の⑥　1.397＋1.26＋1.303
　　＝1.397＋1.303＋1.26
　　＝2.7＋1.26
　　＝3.96

**1** ①8.13　　②9.72　　③1.05
　　④4.06　　⑤8　　⑥12.42
　　⑦0.61　　⑧6.268

**2** ①2.67　　②4.56　　③2.43
　　④0.35　　⑤8.16　　⑥71.07
　　⑦2.98　　⑧5.965

**3** ①5.41　　②2.65　　③8.5
　　④1.48　　⑤10.52　　⑥4.54
　　⑦90.13　　⑧0.26　　⑨2.509

**4** ①7.6　　②17.26
　　③11.4　　④8.7

**⊘アドバイス** **4**の①，②は，左から 順に計算します。③，④は，計算のき まりを使って，計算がかんたんになる ようにくふうします。

**4**の②
$$
\begin{array}{r}
8.96 \\
-\ 4.4 \\
\hline
4.56
\end{array}
$$
← まず， 8.96−4.4の 計算をする。

↓

$$
\begin{array}{r}
4.56 \\
+\ 12.7 \\
\hline
17.26
\end{array}
$$
← 次に， 12.7をたす。

③計算のきまり■＋●＝●＋■ を使います。

　3.9＋1.4＋6.1
＝3.9＋6.1＋1.4
＝10＋1.4
＝11.4
和がきりの よい数。

④（■＋●）＋▲＝■＋（●＋▲） を使います。

　3.7＋1.8＋3.2
＝3.7＋（1.8＋3.2）
＝3.7＋5
＝8.7
和がきりの よい数。

**1** ①3.5　　②16.4
　　③28　　　④50
　　⑤9　　　⑥0.4
　　⑦0.37　　⑧10.7

**2** ①52　　　②213
　　③580　　④600
　　⑤80　　　⑥9
　　⑦7.3　　⑧103

**3** ①7.6　　②34.8
　　③12　　　④3
　　⑤0.5　　⑥273.8

**4** ①56　　　②441
　　③360　　④700
　　⑤70　　　⑥2

**5** ①4.5　　②69.3
　　③187　　④2170

⚠️**アドバイス**　小数を10倍すると小
数点は右へ1けた，100倍すると，
小数点は右へ2けたうつります。

**1**の② 1.64を10倍→16.4→16.4
　　　　　小数点を右へ1けたうつす。

　　④ 5を10倍→5.0.→50
　　　　　小数点を右へ1けたうつす。

　　⑥ 0.04を10倍→0.0.4→0.4
　　　　　小数点を右へ1けたうつす。

**2**の① 0.52を100倍
　　　→0.5.2.→52
　　　小数点を右へ2けたうつす。

　　④ 6を100倍→6.0.0.→600
　　　　　小数点を右へ2けたうつす。

**5**の④ 2.17×1000
　　　→2.1.7.0.→2170
　　　　　小数点を右へ3けたうつす。

**1** ①0.6　　②0.8
　　③1.4　　④1.2
　　⑤2.1　　⑥5.6
　　⑦2　　　⑧4

**2** ①2.6　　②7.2
　　③8.4　　④9
　　⑤11.8　⑥10.4

**3** ①0.9　　②2.4
　　③3.2　　④4.8
　　⑤7　　　⑥0.06
　　⑦0.8　　⑧5.4
　　⑨7.2　　⑩10.8
　　⑪10　　　⑫0.35
　　⑬0.6

⚠️**アドバイス**　かけられる数を10倍，
100倍して，整数のかけ算として計
算します。

**1**の② 0.4×2=0.8
　　　　4×2=8，8を10でわる。

　　⑥ 0.8×7=5.6
　　　　8×7=56，56を10でわる。

　　⑦ 0.4×5=2
　　　　4×5=20，20を10でわる。

**2**の② 2.4×3=7.2
　　　　24×3=72，72を10でわる。

　　④ 1.5×6=9
　　　　15×6=90，90を10でわる。

　　⑤ 5.9×2=11.8
　　　　59×2=118，118を10でわる。

**3**の⑥ 0.03×2=0.06
　　　　3×2=6，6を100でわる。

　　⑬ 0.15×4=0.6
　　　　15×4=60，60を100でわる。

**1** ①16.2　②6.9　③5.2
　④16.2　⑤130.4　⑥64.8

**2** ①0.6　②60　③2
　④22　⑤68

**3** ①8.4　②39.2　③16.6
　④24.5　⑤30.8　⑥51.2
　⑦224.1　⑧188.1　⑨149.4

**4** ①0.9　②2.8　③9
　④34　⑤90

**アドバイス**　小数のかけ算の筆算は，次の❶~❸の順に計算します。

**1**の④　❶小数点を考えないで，右にそろえて書く。

❷整数のかけ算と同じように計算する。

$$\begin{array}{r} 1.8 \\ \times\ \ 9 \\ \hline \end{array}$$

$$\begin{array}{r} 1.8 \\ \times\ \ 9 \\ \hline 1\,6\,2 \end{array}$$

❸かけられる数にそろえて，積の小数点をうつ。

$$\begin{array}{r} 1.8 \\ \times\ \ 9 \\ \hline 1\,6.2 \end{array}$$

小数のたし算やひき算の筆算では，位をそろえて書いたが，かけ算の筆算では，位をそろえなくてよい。

⑤　かけられる数にそろえて，積の小数点をうつ。

$$\begin{array}{r} 1\,6.3 \\ \times\ \ \ \ 8 \\ \hline 1\,3\,0.4 \end{array}$$

積の中に出てくる0のあつかいに注意しましょう。

**2**の②

$$\begin{array}{r} 7.5 \\ \times\ \ \ 8 \\ \hline 6\,0.0 \end{array}$$　←$\frac{1}{10}$の位の0は消す。

↑　一の位の0は消さない。

③

$$\begin{array}{r} 0.5 \\ \times\ \ \ 4 \\ \hline 2.0 \end{array}$$　←0を消して，2とする。

**1** ①73.1　②31.2
　③52.2　④107.5　⑤285.6
　⑥426.3　⑦306　⑧36

**2** ①81　　②156

**3** ①29.4　②59.5　③25.2
　④3.6　⑤238　⑥57
　⑦565.8　⑧414.8　⑨690

**4** ①117　②280　③5142

**アドバイス**　整数のかけ算と同じように計算して，かけられる数にそろえて積の小数点をうちます。

**1**の⑤

$$\begin{array}{r} 6.8 \\ \times\ 4\,2 \\ \hline 1\,3\,6 \\ 2\,7\,2\ \ \\ \hline 2\,8\,5.6 \end{array}$$　←68×2　←68×4

⑦

$$\begin{array}{r} 4.5 \\ \times\ 6\,8 \\ \hline 3\,6\,0 \\ 2\,7\,0\ \ \\ \hline 3\,0\,6.0 \end{array}$$　←45×8　←45×6　←0を消して，306とする。

かける数の一の位の数が0のときは，一の位の計算は省きます。

**2**の②

$$\begin{array}{r} 3.9 \\ \times\ 4\,0 \\ \hline 0\,0 \\ 1\,5\,6\ \ \\ \hline 1\,5\,6.0 \end{array}$$　➡　$$\begin{array}{r} 3.9 \\ \times\ 4\,0 \\ \hline 1\,5\,6.0 \end{array}$$

この部分を省いて，0をそのままおろす。

**3**の⑦~⑨では，とちゅうのかけ算やたし算をていねいにしましょう。

**3**の⑨

$$\begin{array}{r} 2\,7.6 \\ \times\ \ 2\,5 \\ \hline 1\,3\,8\,0 \\ 5\,5\,2\ \ \\ \hline 6\,9\,0.0 \end{array}$$　←276×5　←276×2　←0を消して，690とする。

↑　一の位の0は消さない。

## 11 小数×整数の筆算③

**1** ①8.82   ②0.87   ③9.4
   ④9.14   ⑤0.6   ⑥5.2

**2** ①108.96    ②68.48
   ③292.81    ④70.8

**3** ①7.14   ②10.86   ③4.45
   ④24.27   ⑤8.7   ⑥9
   ⑦0.651   ⑧0.44

**4** ①46.92    ②273.76
   ③0.384    ④50.57

**！アドバイス** かけられる小数が $\frac{1}{100}$

の位までの小数, $\frac{1}{1000}$ の位までの小

数になると，けた数がふえるので，注
意して計算するようにしましょう。

**1** の⑤
```
    0.1 5
  ×     4
    0.6 0  ←0を消して0.6。
```
↑
一の位に0を書く。

**2** の③
```
      6.2 3
   ×   4 7
    4 3 6 1  ←623×7
  2 4 9 2    ←623×4
  2 9 2.8 1
```
↑
かけられる数にそろえて，
積の小数点をうつ。

**4** の③
```
    0.0 2 4
  ×     1 6
      1 4 4  ←24×6
      2 4    ←24×1
    0.3 8 4
```
↑
一の位に0を書く。

④
```
      1.9 4 5
   ×     2 6
    1 1 6 7 0  ←1945×6
    3 8 9 0    ←1945×2
    5 0.5 7 0  ←0を消して，
               50.57とする。
```

## 12 小数のかけ算の練習

**1** ①5.4     ②7

**2** ①6.8   ②32.4   ③27
   ④80.4   ⑤89.6   ⑥245.1
   ⑦45   ⑧72

**3** ①0.84   ②7.18   ③5.1
   ④65.28   ⑤171.58   ⑥82

**4** ①20.7   ②42   ③63.2
   ④98.6   ⑤112   ⑥382.2
   ⑦125.1

**5** ①0.81   ②7.12   ③0.9
   ④85.92   ⑤92.66   ⑥80.15
   ⑦0.564   ⑧82.8

**！アドバイス** 積の中に出てくる0の
あつかいに注意しましょう。

**3** の①
```
    0.1 4
  ×     6    一の位に0を書き，
    0.8 4    小数点をうつ。
```

⑥
```
      3.2 8
   ×   2 5
    1 6 4 0
    6 5 6
    8 2.0 0  ←0を2つ消して，
             82とする。
```

かける数の一の位の数が0のときは，
一の位の計算を省きます。

**4** の⑤
```
      1.6          1.6
   ×  7 0       ×  7 0
      0 0  →   1 1 2.0
  1 1 2
  1 1 2.0
```
└ この部分を省いて，
   0をそのままおろす。

**5** の⑧
```
      1.7 2 5
   ×     4 8
    1 3 8 0 0
    6 9 0 0
    8 2.8 0 0  ←0を2つ消して，
               82.8とする。
```

**1** ①0.038　　②0.942
　　③0.05　　　④1.7
　　⑤4.362　　⑥0.51

**2** ①0.0029　　②0.0785
　　③0.006　　　④0.02
　　⑤0.65　　　⑥4.1

**3** ①0.314　　②0.0005

**4** ①0.043　　②0.528
　　③0.07　　　④4.6
　　⑤0.8　　　⑥83

**5** ①0.0087　　②0.0189
　　③0.005　　　④2.7
　　⑤0.03　　　⑥0.38

**6** ①0.056　　②0.07
　　③0.234　　④0.092

**📢アドバイス**　　小数を $\frac{1}{10}$ にすると,

小数点は左へ１けた, $\frac{1}{100}$ にすると,

小数点は左へ２けたうつります。

**1**の① 0.38を $\frac{1}{10}$ にした数

　　→0.0.38→0.038

　　　　小数点を左へ１けたうつす。

**2**の① 0.29を $\frac{1}{100}$ にした数

　　→0.0.0.29→0.0029

　　　　小数点を左へ２けたうつす。

**3**の① 3.14を10でわった数

　　→0.3.14→0.314

**6**の③ 2.34× $\frac{1}{10}$ ← $\frac{1}{10}$ にする。

　　→0.2.34→0.234

　　　　小数点を左へ１けたうつす。

**1** ①2.4　　②2.3
　　③2.1　　④2.2
　　⑤0.3　　⑥0.1
　　⑦0.2　　⑧0.4

**2** ①0.4　　②0.5
　　③0.02　　④0.05

**3** ①2.1　　②3.3
　　③0.4　　④0.1
　　⑤0.2　　⑥0.6
　　⑦1.6　　⑧2.4

**4** ①0.5　　②0.05
　　③0.09　　④0.03
　　⑤7.2　　⑥8.1

**📢アドバイス**　　わられる数を10倍,

100倍して, 整数のわり算として計

算します。

**1**の② 6.9÷3=2.3

　　　69÷3=23, 23を10でわる。

　　⑤ 0.6÷2=0.3

　　　6÷2=3, 3を10でわる。

　**2**の①, ②は, わられる数を10倍

します。

　③, ④は, わられる数を100倍し

ます。

**2**の② 1÷2=0.5

　　　10÷2=5, 5を10でわる。

　　③ 0.1÷5=0.02

　　　10÷5=2, 2を100でわる。

**4**の④ 0.09÷3=0.03

　　　9÷3=3, 3を100でわる。

　　⑤ 28.8÷4=7.2

　　　288÷4=72, 72を10でわる。

**1** ①2.8 ②3.2 ③1.3
④14.8 ⑤4.6 ⑥6.8

**2** ①0.6 ②0.7 ③0.9

**3** ①1.3 ②2.3 ③17.5
④10.8 ⑤5.1 ⑥5.6
⑦7.2 ⑧9.9

**4** ①0.7 ②0.3 ③0.4

**❓アドバイス** 小数÷整数の筆算は，次の❶～❹の順に計算します。

**1の③** ❶一の位の6を5でわる。

$$5\overline{)6.5}$$

❷わられる数の小数点にそろえて，商の小数点をうつ。

$$5\overline{)6.5}$$

❸$\frac{1}{10}$の位の5をおろす。

$$5\overline{)6.5}$$

❹15を5でわる。

$$5\overline{)6.5} = 1.3$$

**1の⑥**

$$9\overline{)61.2} = 6.8$$

商は，十の位にはたたないので，一の位からたてる。

**2**のように，商が一の位からたたないときは，0を書き，小数点をうってから計算を進めます。

② $$8\overline{)5.6} = 0.7$$

**1** ①1.6 ②1.7 ③3.2
④3.6

**2** ①0.6 ②0.3
③0.4 ④0.9 ⑤0.8

**3** ①1.4 ②3.7 ③4.2
④5.2 ⑤4.2 ⑥3.1
⑦4.9 ⑧7.8 ⑨6.2

**4** ①0.8 ②0.3 ③0.7

**❓アドバイス** 小数÷整数の筆算は，小数点を考えなければ，整数÷整数の筆算と同じようにできます。気をつけることは，商の小数点をわすれずにうつことです。

**1の②** 小数点をうつ。

$$37\overline{)62.9} = 1.7$$

**③**

$$24\overline{)76.8} = 3.2$$

商が一の位からたたないときは，まず，0を書き，小数点をうちます。一の位の0の書きわすれに注意します。

**2の②** 0を書き，小数点をうつ。

$$13\overline{)3.9} = 0.3$$

**④**

$$61\overline{)54.9} = 0.9$$

**3の⑦**

$$36\overline{)176.4} = 4.9$$

86

**1** ①1.38 　②3.09 　③2.81
　　④0.72 　⑤0.36 　⑥0.24
**2** ①0.04 　②0.03 　③0.084
**3** ①2.14 　②1.64 　③5.52
　　④0.78 　⑤0.29 　⑥0.13
**4** ①0.09 　②0.04 　③0.08
　　④0.051 　⑤0.007

**⚫アドバイス** 　わられる数が $\frac{1}{100}$ の位，$\frac{1}{1000}$ の位までの小数になっても，わり算の筆算のしかたは同じです。商が何の位からたつかを考えて計算します。

**1**の②
```
      3.0 9
   2)6.1 8
     6
       1
       0
       1 8
       1 8
         0
```
$\frac{1}{10}$ の位に0を書き，$\frac{1}{100}$ の位に商をたてる。
書かないでもよい。

④
```
      0.7 2
   7)5.0 4
     4 9
       1 4
       1 4
         0
```
商は一の位にはたたないので，0を書き，小数点をうつ。
→ $\frac{1}{10}$ の位から商をたてる。

**2**の②
```
       0.0 3
   26)0.7 8
        7 8
          0
```
商は $\frac{1}{10}$ の位までとってもたたないので，0を書く。
→ $\frac{1}{100}$ の位から商をたてる。

**4**の⑤
```
        0.0 0 7
   46)0.3 2 2
        3 2 2
            0
```
商は $\frac{1}{100}$ の位までとってもたたないので，0を書く。
→ $\frac{1}{1000}$ の位から商をたてる。

**1** ①17あまり1.6
　[けん算] $3×17+1.6=52.6$
　②9あまり0.3
　[けん算] $4×9+0.3=36.3$
　③6あまり3.8
　[けん算] $7×6+3.8=45.8$
　④4あまり7.2
　[けん算] $16×4+7.2=71.2$
　⑤3あまり18.5
　[けん算] $24×3+18.5=90.5$
**2** ①28あまり1.3
　[けん算] $3×28+1.3=85.3$
　②8あまり0.9
　[けん算] $6×8+0.9=48.9$
　③6あまり2.5
　[けん算] $13×6+2.5=80.5$
　④2あまり1.6
　[けん算] $37×2+1.6=75.6$
**3** ①1.7あまり0.1
　②0.7あまり0.2

**⚫アドバイス** 　わり算のけん算は，わられる数が小数になっても，次の式にあてはめて計算します。

わる数×商＋あまり＝わられる数

また，**3**の計算は，次のようにします。あまりの小数点は，わられる数の小数点にそろえてうちましょう。

**3**の① 小数点をうつ。

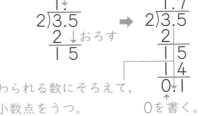

わられる数にそろえて，小数点をうつ。　0を書く。

**1** ①1.25　②4.5　③0.45
④0.45

**2** ①2.25　②0.075　③0.375

**3** ①1.64　②0.35　③0.05
④2.85　⑤0.65　⑥0.25

**4** ①1.475　②0.425　③3.25

**⚠️アドバイス**　わられる数の右に0を
つけたしてわり進めていきます。

**1**の②　❶36÷8を計算する。

$$\begin{array}{r} 4 \\ 8\overline{)36} \\ 32 \\ \hline 4 \end{array}$$

↓

❷36を36.0と考えて，小数点をうち，その右に0をつけたす。

$$\begin{array}{r} 4\phantom{.0} \\ 8\overline{)36.0} \\ 32\phantom{.0} \\ \hline 4\phantom{.0} \end{array}$$

↓

❸つけたした0をおろし，40÷8を計算する。

$$\begin{array}{r} 4.5 \\ 8\overline{)36.0} \\ 32\phantom{.0} \\ \hline 40 \\ 40 \\ \hline 0 \end{array}$$

**2**の②

$$\begin{array}{r} 0.075 \\ 32\overline{)2.40} \\ 224\phantom{0} \\ \hline 160 \\ 160 \\ \hline 0 \end{array}$$
$\frac{1}{10}$の位に商はたたないから0を書く。240÷32を計算する。

**3**の③

$$\begin{array}{r} 0.05 \\ 6\overline{)0.30} \\ 30 \\ \hline 0 \end{array}$$
$\frac{1}{10}$の位に商はたたないから，0を書く。30÷6を計算する。

**1** ①1.7　②0.33

**2** ①2.1　②0.3
③0.8　④2.1

**3** ①2.3　②2.2　③2

**4** ①6.7　②2.5　③0.8
④0.2　⑤1.3　⑥0.1

**⚠️アドバイス**　**1**は，商を上から3けためまで計算して，3けためを四捨五入します。

**1**の②では，商の一の位の0はけた数にふくめないため，$\frac{1}{1000}$の位まで計算して，$\frac{1}{1000}$の位の数を四捨五入します。

**1**の②

$$\begin{array}{r} 0.333 \\ 3\overline{)1.000} \\ 9 \\ \hline 10 \\ 9 \\ \hline 10 \\ 9 \\ \hline 1 \end{array}$$
上から3けたまで求める。
↓
この数を四捨五入する。
なれてきたら，ここの小数点や0を書かないで計算してもよい。

**2**は，商を$\frac{1}{100}$の位まで計算して，$\frac{1}{100}$の位を四捨五入します。

**2**の②

$$\begin{array}{r} 0.27 \\ 26\overline{)7.18} \\ 52\phantom{0} \\ \hline 198 \\ 182 \\ \hline 16 \end{array}$$
$\frac{1}{100}$の位まで求めて，$\frac{1}{100}$の位を四捨五入する。

**4**の⑥

$$\begin{array}{r} 0.09 \\ 22\overline{)2.0} \\ 198 \\ \hline 2 \end{array}$$

**1** ①0.2　　　　②0.7

**2** ①2.4　②5.8　③2.7
　　④0.7　⑤0.6　⑥0.08
　　⑦27.5　⑧1.38　⑨0.35

**3** ①1.8　②7.4　③4.7
　　④23.4　⑤1.9　⑥1.73
　　⑦2.08　⑧0.37　⑨0.5
　　⑩0.08　⑪0.08　⑫0.006

**🖊アドバイス**　商が何の位からたつか
に気をつけて計算します。一の位から
たたないときは，商の一の位に0を書
き，小数点をうちましょう。

**2**の⑤
```
          0.6 ←─0を書き，小数点をうつ。
  28)1 6.8    168÷28=6
     1 6 8
          0
```

⑥
```
          0.0 8  ── 1/10 の位に0を書き，
  17)1.3 6      1/100 の位までとって
     1 3 6      商をたてる。
          0
```

**3**の⑦
```
       2.0 8 ← 商の 1/10 の位の
  4)8.3 2     0をわすれない。
    8
      3 2
      3 2
        0
```

⑩
```
       0.0 8
  19)1.5 2
     1 5 2
         0
```

⑫
```
        0.0 0 6
  29)0.1 7 4
      1 7 4
          0
```

**1** ①12あまり3.4
　　②7あまり0.2
　　③6あまり2.3
　　④5あまり1.4
　　⑤4あまり1.7

**2** ①1.25　②0.65　③0.06

**3** ①1.8あまり0.8
　　②2.9あまり0.2
　　③0.7あまり0.1
　　④0.1あまり3.28
　　⑤3.5あまり1.3
　　⑥8.5あまり1

**4** ①1.9　②0.33　③3.2

**🖊アドバイス**　あまりの小数点は，わ
られる数の小数点にそろえてうちます。
　**4**は，商を上から3けためまで計算
して，3けためを四捨五入します。

**4**の①
```
         9 ← 上から3けためまで
       1.8 5   求めて，この数を
  7)1 3       四捨五入する。
    7
      6 0
      5 6
        4 0
        3 5
          5
```

②
```
        ┌── 商が一の位からた
      0.3 3 3   たないときは0を
  6)2       書き，次の位を上
    1 8     から1けためとする。
      2 0
      1 8   ※一の位の0を1け
        2 0   ためとしない。
        1 8
          2
```

**1** ①5.7　②38　③246.8
④280　⑤71.4　⑥334.6
⑦490

**2** ①1.9　②3.9　③4.7
④0.45　⑤5.5　⑥0.35

**3** ①6.36　②2.1　③0.291
④65.78　⑤96.14　⑥91.8

**4** ①1.94　②0.67　③0.27
④0.07　⑤4.25　⑥0.25

**アドバイス**　積の中に出てくる0の
あつかいに注意しましょう。

**1**の④
```
    3.5
  × 8 0
  2 8 0.0
```
0を消して，
←280とする。
この0を消さない。

⑦
```
    1 7.5
  ×   2 8
  1 4 0 0
  3 5 0
  4 9 0 0.0
```
0を消して，
←490とする。

**2**の④，⑤，⑥は，わられる数の右
に0をつけたしてわり進みます。

**2**の④
```
      0.4 5
  4)1.8 0
    1 6
      2 0
      2 0
        0
```
0をつけたして
わり進む。
おろす

⑤
```
      5.5
  6)3 3.0
    3 0
      3 0
      3 0
        0
```

⑥
```
        0.3 5
  86)3 0.1 0
      2 5 8
        4 3 0
        4 3 0
          0
```

**4**の⑤，⑥は，わられる数の右に0
を2つつけたしてわり進みます。

**4**の②
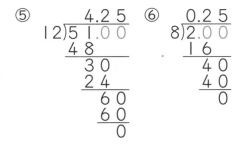
```
      0.6 7
  7)4.6 9
    4 2
      4 9
      4 9
        0
```

⑤
```
       4.2 5
  12)5 1.0 0
     4 8
       3 0
       2 4
         6 0
         6 0
           0
```

⑥
```
      0.2 5
  8)2.0 0
    1 6
      4 0
      4 0
        0
```

**24** 算数パズル　51~52ページ

**❶** まちがえたのは **ちなつ** さん，正しい答えは **250**

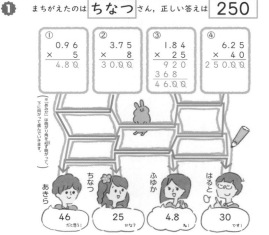

①
```
    0.9 6
  ×     5
    4.8 0
```
②
```
    3.7 5
  ×     8
  3 0.0 0
```
③
```
    1.8 4
  ×   2 5
      9 2 0
    3 6 8
  4 6.0 0
```
④
```
      6.2 5
  ×     4 0
  2 5 0.0 0
```

あきら 46（だと思う！）
ちなつ 25（かな？）
ふゆか 4.8（あ！）
はると 30（です！）

**❷** まちがえたのは **はやて** さん，正しい答えは **0.55**

①
```
    0.6 5
  8)5.2
    4 8
      4 0
      4 0
        0
```
②
```
     1.8 5
  4)7.4
    4
    3 4
    3 2
      2 0
      2 0
        0
```
③
```
       0.5 5
  32)1 7.6
      1 6 0
        1 6 0
        1 6 0
            0
```
④
```
      1.4 5
  16)2 3.2
     1 6
       7 2
       6 4
         8 0
         8 0
           0
```

はやて 5.5（かな！）
つばさ 1.85（だね！）
ひかり 1.45（です。）
のぞみ 0.65（だよ！）

**1**
① $\dfrac{2}{3}$　　②$\dfrac{3}{4}$

③ $\dfrac{6}{7}$　　④$\dfrac{7}{5}\left(1\dfrac{2}{5}\right)$

⑤ $\dfrac{5}{4}\left(1\dfrac{1}{4}\right)$　　⑥$\dfrac{13}{8}\left(1\dfrac{5}{8}\right)$

⑦ $\dfrac{11}{7}\left(1\dfrac{4}{7}\right)$　　⑧$\dfrac{9}{5}\left(1\dfrac{4}{5}\right)$

⑨ $\dfrac{22}{9}\left(2\dfrac{4}{9}\right)$　　⑩$\dfrac{10}{5}$, 2

**2**
① $\dfrac{3}{5}$　　②$\dfrac{4}{3}\left(1\dfrac{1}{3}\right)$

③ $\dfrac{9}{7}\left(1\dfrac{2}{7}\right)$　　④$\dfrac{15}{8}\left(1\dfrac{7}{8}\right)$

⑤ $\dfrac{9}{4}\left(2\dfrac{1}{4}\right)$　　⑥$\dfrac{13}{5}\left(2\dfrac{3}{5}\right)$

⑦ $\dfrac{14}{5}\left(2\dfrac{4}{5}\right)$　　⑧$\dfrac{23}{7}\left(3\dfrac{2}{7}\right)$

⑨ 2　　⑩3

**⚡アドバイス**　　分母が同じ分数のたし算は，分母はそのままにして，分子どうしをたします。

$$\overset{2+3}{\boxed{\;}}$$
**1**の⑤　$\dfrac{2}{4}+\dfrac{3}{4}=\dfrac{5}{4}\longrightarrow\left(=1\dfrac{1}{4}\right)$　$5÷4=1$あまり$1$
分母はそのまま

※答えは仮分数のままでもよいが，帯分数になおすと大きさがわかりやすい。

⑥ $\dfrac{7}{8}+\dfrac{6}{8}=\dfrac{13}{8}\left(=1\dfrac{5}{8}\right)$　（$7+6$）

⑧ $\dfrac{7}{5}+\dfrac{2}{5}=\dfrac{9}{5}\left(=1\dfrac{4}{5}\right)$　（$7+2$）

⑩ $\dfrac{6}{5}+\dfrac{4}{5}=\dfrac{10}{5}=2$　（$6+4$）

**1**
① $3\dfrac{5}{7}$　　②$3\dfrac{2}{3}$

③ $5\dfrac{7}{9}$　　④$2\dfrac{3}{4}$

⑤ $1\dfrac{5}{7}$　　⑥$4\dfrac{4}{5}$

⑦ $3\dfrac{7}{9}$　　⑧$3\dfrac{1}{3}$

**2**
① $2\dfrac{6}{7}\left(\dfrac{20}{7}\right)$　　②$5\dfrac{5}{8}\left(\dfrac{45}{8}\right)$

③ $7\dfrac{5}{6}\left(\dfrac{47}{6}\right)$　　④$5\dfrac{6}{7}\left(\dfrac{41}{7}\right)$

⑤ $5\dfrac{8}{9}\left(\dfrac{53}{9}\right)$　　⑥$7\dfrac{7}{8}\left(\dfrac{63}{8}\right)$

⑦ $1\dfrac{3}{5}\left(\dfrac{8}{5}\right)$　　⑧$2\dfrac{3}{4}\left(\dfrac{11}{4}\right)$

⑨ $3\dfrac{5}{9}\left(\dfrac{32}{9}\right)$　　⑩$2\dfrac{4}{7}\left(\dfrac{18}{7}\right)$

⑪ $6\dfrac{3}{4}\left(\dfrac{27}{4}\right)$　　⑫$5\dfrac{5}{9}\left(\dfrac{50}{9}\right)$

**⚡アドバイス**　　帯分数をふくむたし算は，整数部分どうしの和と分数部分どうしの和を計算して合わせます。

整数部分の和→$3+2$
**1**の③ $3\dfrac{5}{9}+2\dfrac{2}{9}=5\dfrac{7}{9}$
分数部分の和→$\dfrac{5}{9}+\dfrac{2}{9}$

整数部分はそのまま
④ $2\dfrac{1}{4}+\dfrac{2}{4}=2\dfrac{3}{4}$
分数部分の和→$\dfrac{1}{4}+\dfrac{2}{4}$

整数部分の和→$2+1$
⑧ $2+1\dfrac{1}{3}=3\dfrac{1}{3}$

次のように，帯分数を仮分数になおして計算してもよいです。

③ $3\dfrac{5}{9}+2\dfrac{2}{9}=\dfrac{32}{9}+\dfrac{20}{9}=\dfrac{52}{9}$

**1**
① $\dfrac{4}{3}$, $2\dfrac{1}{3}$　　② $\dfrac{6}{5}$, $2\dfrac{1}{5}$

③ $\dfrac{9}{7}$, $3\dfrac{2}{7}$　　④ $\dfrac{9}{8}$, $2\dfrac{1}{8}$

⑤ $2\dfrac{7}{5}$, $3\dfrac{2}{5}$　　⑥ $\dfrac{4}{3}$, $4\dfrac{1}{3}$

⑦ $\dfrac{5}{5}$, $2$　　⑧ $\dfrac{9}{9}$, $3$

**2**
① $2\dfrac{1}{4}\left(\dfrac{9}{4}\right)$　　② $3\dfrac{2}{5}\left(\dfrac{17}{5}\right)$

③ $3\dfrac{3}{7}\left(\dfrac{24}{7}\right)$　　④ $4\dfrac{1}{9}\left(\dfrac{37}{9}\right)$

⑤ $5\dfrac{1}{6}\left(\dfrac{31}{6}\right)$　　⑥ $4\dfrac{1}{5}\left(\dfrac{21}{5}\right)$

⑦ $5\dfrac{4}{7}\left(\dfrac{39}{7}\right)$　　⑧ $5\dfrac{4}{9}\left(\dfrac{49}{9}\right)$

⑨ $2$　　⑩ $3$

⑪ $5$　　⑫ $6$

**アドバイス**　　分数部分の和が仮分数になったときは，帯分数になおして，整数部分にくり上げます。

**1**の①　$1\dfrac{2}{3}+\dfrac{2}{3}=1\dfrac{4}{3}=2\dfrac{1}{3}$

$\dfrac{4}{3}=1\dfrac{1}{3}$より，$1\dfrac{4}{3}=1+1\dfrac{1}{3}$

また，次のように，帯分数を仮分数になおして計算するしかたもあります。

**1**の①　$1\dfrac{2}{3}+\dfrac{2}{3}=\dfrac{5}{3}+\dfrac{2}{3}=\dfrac{7}{3}$

帯分数→仮分数

⑤　$1\dfrac{4}{5}+1\dfrac{3}{5}=2\dfrac{7}{5}=3\dfrac{2}{5}$

$\dfrac{7}{5}=1\dfrac{2}{5}$より，$2\dfrac{7}{5}=2+1\dfrac{2}{5}$

⑦　$1\dfrac{3}{5}+\dfrac{2}{5}=1\dfrac{5}{5}=2$

⑧　$1\dfrac{4}{9}+1\dfrac{5}{9}=2\dfrac{9}{9}=3$

**1**
① $\dfrac{9}{7}\left(1\dfrac{2}{7}\right)$　　② $\dfrac{11}{6}\left(1\dfrac{5}{6}\right)$

③ $\dfrac{8}{3}\left(2\dfrac{2}{3}\right)$　　④ $\dfrac{11}{5}\left(2\dfrac{1}{5}\right)$

⑤ $1$　　⑥ $2$

**2**
① $3\dfrac{7}{9}\left(\dfrac{34}{9}\right)$　　② $4\dfrac{5}{7}\left(\dfrac{33}{7}\right)$

③ $2\dfrac{3}{5}\left(\dfrac{13}{5}\right)$　　④ $4\dfrac{3}{8}\left(\dfrac{35}{8}\right)$

⑤ $6\dfrac{1}{4}\left(\dfrac{25}{4}\right)$　　⑥ $6$

**3**
① $\dfrac{11}{8}\left(1\dfrac{3}{8}\right)$　　② $\dfrac{10}{9}\left(1\dfrac{1}{9}\right)$

③ $\dfrac{7}{4}\left(1\dfrac{3}{4}\right)$　　④ $\dfrac{7}{3}\left(2\dfrac{1}{3}\right)$

⑤ $\dfrac{19}{7}\left(2\dfrac{5}{7}\right)$　　⑥ $1$

⑦ $2$

**4**
① $2\dfrac{5}{8}\left(\dfrac{21}{8}\right)$　　② $4\dfrac{6}{7}\left(\dfrac{34}{7}\right)$

③ $7\dfrac{5}{6}\left(\dfrac{47}{6}\right)$　　④ $4\dfrac{4}{7}\left(\dfrac{32}{7}\right)$

⑤ $4$　　⑥ $8$

**アドバイス**　　分数のたし算で，答えが仮分数になったときは，整数になおせるかどうかを考えましょう。

**1**の⑤　$\dfrac{7}{9}+\dfrac{2}{9}=\dfrac{9}{9}=1$　（$7+2$）

分母と分子が同じ分数は1になる。

帯分数をふくむたし算で，分数部分の和が仮分数になったときは，帯分数になおして，整数部分に1くり上げます。

**2**の③　$\dfrac{4}{5}+1\dfrac{4}{5}=1\dfrac{8}{5}=2\dfrac{3}{5}$

$\dfrac{8}{5}=1\dfrac{3}{5}$より，$1\dfrac{8}{5}=1+1\dfrac{3}{5}$

**1**　① $\dfrac{2}{5}$　　② $\dfrac{4}{7}$

③ $\dfrac{5}{9}$　　④ $\dfrac{5}{4}\left(1\dfrac{1}{4}\right)$

⑤ $\dfrac{11}{5}\left(2\dfrac{1}{5}\right)$　　⑥ $\dfrac{6}{3}$, 2

⑦ $\dfrac{5}{5}$, 1　　⑧ $\dfrac{12}{6}$, 2

**2**　① $\dfrac{3}{5}$　　② $\dfrac{5}{8}$

③ $\dfrac{4}{7}$　　④ $\dfrac{16}{9}\left(1\dfrac{7}{9}\right)$

⑤ $\dfrac{2}{3}$　　⑥ $\dfrac{4}{3}\left(1\dfrac{1}{3}\right)$

⑦ $\dfrac{16}{7}\left(2\dfrac{2}{7}\right)$　　⑧ 1

⑨ 2　　⑩ 5

💬 **アドバイス**　分母が同じ分数のひき算は，分母はそのままにして，分子どうしをひきます。

**1**の② $\overset{9-5}{\dfrac{9}{7}-\dfrac{5}{7}}=\dfrac{4}{7}$
分母はそのまま

答えが整数になおせるときは，かならず整数になおして答えましょう。

**1**の⑦ $\overset{8-3}{\dfrac{8}{5}-\dfrac{3}{5}}=\dfrac{5}{5}=1$

⑧ $\overset{19-7}{\dfrac{19}{6}-\dfrac{7}{6}}=\dfrac{12}{6}=2$ ← $12\div6=2$ で，2になる。

答えが仮分数のときは，そのまま答えとしてもよいですが，帯分数になおすと大きさが分かりやすくなります。

**1**の⑤ $\overset{14-3}{\dfrac{14}{5}-\dfrac{3}{5}}=\dfrac{11}{5}\rightarrow2\dfrac{1}{5}$ ← $11\div5=2$ あまり1

**1**　① $1\dfrac{2}{5}$　　② $2\dfrac{1}{6}$

③ $1\dfrac{5}{9}$　　④ $1\dfrac{3}{5}$

⑤ $3\dfrac{1}{4}$　　⑥ $2\dfrac{2}{7}$

⑦ $1\dfrac{5}{8}$　　⑧ $1\dfrac{1}{4}$

**2**　① $1\dfrac{1}{5}\left(\dfrac{6}{5}\right)$　　② $2\dfrac{3}{7}\left(\dfrac{17}{7}\right)$

③ $1\dfrac{1}{6}\left(\dfrac{7}{6}\right)$　　④ $2\dfrac{2}{9}\left(\dfrac{20}{9}\right)$

⑤ $2\dfrac{1}{3}\left(\dfrac{7}{3}\right)$　　⑥ $2\dfrac{1}{5}\left(\dfrac{11}{5}\right)$

⑦ $4\dfrac{3}{6}\left(\dfrac{27}{6}\right)$　　⑧ $3\dfrac{4}{9}\left(\dfrac{31}{9}\right)$

⑨ $\dfrac{1}{6}$　　⑩ $1\dfrac{2}{7}\left(\dfrac{9}{7}\right)$

⑪ 7　　⑫ $2\dfrac{8}{9}\left(\dfrac{26}{9}\right)$

💬 **アドバイス**　帯分数ー帯分数の計算では，整数部分と分数部分に分けて計算します。

**1**の② $\overset{5-4}{3\dfrac{5}{6}-1\dfrac{4}{6}}=2\dfrac{1}{6}$
$\underset{3-1}{}$

帯分数ー真分数の計算では，整数部分はそのままにして，分数部分どうしをひきます。

**1**の⑤ $3\dfrac{3}{4}-\dfrac{2}{4}=3\dfrac{1}{4}$
整数部分

また，帯分数を仮分数になおして計算してもよいです。

**1**の① $2\dfrac{4}{5}-1\dfrac{2}{5}=\dfrac{14}{5}-\dfrac{7}{5}=\dfrac{7}{5}$

**1** ① $1\frac{7}{5}$, $1\frac{4}{5}$　　②$1\frac{9}{7}$, $1\frac{3}{7}$

③$3\frac{10}{9}$, $3\frac{5}{9}$　　④$\frac{4}{3}$, $\frac{2}{3}$

⑤$3\frac{6}{5}$, $2\frac{2}{5}$　　⑥$1\frac{4}{4}$, $1\frac{1}{4}$

**2** ①$1\frac{6}{7}\left(\frac{13}{7}\right)$　　②$4\frac{5}{6}\left(\frac{29}{6}\right)$

③$2\frac{4}{9}\left(\frac{22}{9}\right)$　　④$\frac{3}{4}$

⑤$1\frac{3}{5}\left(\frac{8}{5}\right)$　　⑥$2\frac{7}{8}\left(\frac{23}{8}\right)$

⑦$3\frac{4}{9}\left(\frac{31}{9}\right)$　　⑧$\frac{5}{7}$

⑨$2\frac{1}{5}\left(\frac{11}{5}\right)$　　⑩$3\frac{1}{3}\left(\frac{10}{3}\right)$

💬**アドバイス**　　分数部分がひけないときは，整数部分から1くり下げて，仮分数になおしてひきます。

分数部分がひけない。

**1**の② $2\frac{2}{7}-\frac{6}{7}=1\frac{9}{7}-\frac{6}{7}=1\frac{3}{7}$

整数部分から1くり下げる。

分数部分がひけない。

④ $1\frac{1}{3}-\frac{2}{3}=\frac{4}{3}-\frac{2}{3}=\frac{2}{3}$

整数部分から1くり下げる。

分数部分がひけない。

**2**の⑤ $3\frac{2}{5}-1\frac{4}{5}=2\frac{7}{5}-1\frac{4}{5}=1\frac{3}{5}$

整数部分から1くり下げる。

⑩ $5-1\frac{2}{3}=4\frac{3}{3}-1\frac{2}{3}=3\frac{1}{3}$

整数と仮分数をあわせた形で表す。

**1** ①$\frac{4}{5}$　　②$\frac{5}{7}$

③$\frac{5}{3}\left(1\frac{2}{3}\right)$　　④$\frac{9}{4}\left(2\frac{1}{4}\right)$

⑤$1$　　⑥$2$

**2** ①$1\frac{5}{9}\left(\frac{14}{9}\right)$　　②$2\frac{3}{5}\left(\frac{13}{5}\right)$

③$4\frac{3}{7}\left(\frac{31}{7}\right)$　　④$2\frac{5}{6}\left(\frac{17}{6}\right)$

⑤$1\frac{7}{8}\left(\frac{15}{8}\right)$　　⑥$2\frac{5}{7}\left(\frac{19}{7}\right)$

**3** ①$\frac{4}{5}$　　②$\frac{3}{7}$

③$\frac{7}{5}\left(1\frac{2}{5}\right)$　　④$\frac{5}{3}\left(1\frac{2}{3}\right)$

⑤$1$　　⑥$2$

**4** ①$2\frac{3}{8}\left(\frac{19}{8}\right)$　　②$2\frac{1}{7}\left(\frac{15}{7}\right)$

③$2\frac{3}{5}\left(\frac{13}{5}\right)$　　④$\frac{5}{9}$

⑤$2\frac{4}{7}\left(\frac{18}{7}\right)$　　⑥$\frac{1}{4}$

⑦$4\frac{1}{3}$

💬**アドバイス**

**2**の④ $3\frac{1}{6}-\frac{2}{6}=2\frac{7}{6}-\frac{2}{6}=2\frac{5}{6}$

整数部分から1くり下げる。

　整数ー分数の計算は，整数部分から1くり下げて，くり下げた1を分母と分子が同じ仮分数になおしてひきます。

**2**の⑥ $4-1\frac{2}{7}=3\frac{7}{7}-1\frac{2}{7}=2\frac{5}{7}$

　帯分数ー整数の計算は，分数部分はそのままにして，整数部分どうしをひきます。

**4**の⑦ $7\frac{1}{3}-3=4\frac{1}{3}$

**1** ① $\dfrac{6}{5}\left(1\dfrac{1}{5}\right)$ ② $\dfrac{10}{7}\left(1\dfrac{3}{7}\right)$

③ $\dfrac{9}{4}\left(2\dfrac{1}{4}\right)$ ④ $2$

⑤ $\dfrac{20}{9}\left(2\dfrac{2}{9}\right)$ ⑥ $4$

**2** ① $\dfrac{5}{7}$ ② $1$

③ $\dfrac{4}{9}$ ④ $\dfrac{5}{4}\left(1\dfrac{1}{4}\right)$

⑤ $2$ ⑥ $\dfrac{16}{3}\left(5\dfrac{1}{3}\right)$

**3** ① $\dfrac{11}{9}\left(1\dfrac{2}{9}\right)$ ② $\dfrac{8}{7}\left(1\dfrac{1}{7}\right)$

③ $1$ ④ $\dfrac{11}{5}\left(2\dfrac{1}{5}\right)$

⑤ $2$ ⑥ $\dfrac{11}{6}\left(1\dfrac{5}{6}\right)$

**4** ① $\dfrac{2}{5}$ ② $\dfrac{4}{9}$

③ $1$ ④ $\dfrac{7}{5}\left(1\dfrac{2}{5}\right)$

⑤ $\dfrac{2}{7}$ ⑥ $3$

⑦ $2$

●アドバイス 分母が同じ分数のたし算，ひき算は，分母はそのままにして，分子どうしをたしたり，ひいたりします。

**1**の② $\underset{\text{分母はそのまま。}}{\overset{6+4}{\dfrac{6}{7}+\dfrac{4}{7}}}=\dfrac{10}{7}=1\dfrac{3}{7}$ 答えは仮分数でも帯分数でもよい。

④ $\dfrac{7}{8}+\dfrac{9}{8}=\dfrac{16}{8}=2$ 答えは整数になおす。

**2**の④ $\underset{\text{分母はそのまま。}}{\overset{8-3}{\dfrac{8}{4}-\dfrac{3}{4}}}=\dfrac{5}{4}=1\dfrac{1}{4}$

**1** ① $3\dfrac{3}{5}\left(\dfrac{18}{5}\right)$ ② $2\dfrac{7}{9}\left(\dfrac{25}{9}\right)$

③ $2\dfrac{1}{7}\left(\dfrac{15}{7}\right)$ ④ $2\dfrac{3}{8}\left(\dfrac{19}{8}\right)$

⑤ $3$ ⑥ $6\dfrac{2}{7}\left(\dfrac{44}{7}\right)$

**2** ① $1\dfrac{2}{9}\left(\dfrac{11}{9}\right)$ ② $\dfrac{3}{5}$

③ $1\dfrac{2}{7}\left(\dfrac{9}{7}\right)$ ④ $3\dfrac{2}{3}\left(\dfrac{11}{3}\right)$

⑤ $3\dfrac{7}{8}\left(\dfrac{31}{8}\right)$ ⑥ $2\dfrac{4}{5}\left(\dfrac{14}{5}\right)$

**3** ① $3\dfrac{5}{9}\left(\dfrac{32}{9}\right)$ ② $2\dfrac{3}{5}\left(\dfrac{13}{5}\right)$

③ $5\dfrac{5}{6}\left(\dfrac{35}{6}\right)$ ④ $7\dfrac{1}{7}\left(\dfrac{50}{7}\right)$

⑤ $4$ ⑥ $7$

**4** ① $1\dfrac{6}{7}\left(\dfrac{13}{7}\right)$ ② $2\dfrac{5}{8}\left(\dfrac{21}{8}\right)$

③ $5\dfrac{2}{5}\left(\dfrac{27}{5}\right)$ ④ $\dfrac{5}{6}$

⑤ $\dfrac{7}{9}$ ⑥ $\dfrac{3}{7}$

⑦ $2\dfrac{3}{4}\left(\dfrac{11}{4}\right)$

●アドバイス 分数部分がひけないときは，整数部分から1くり下げます。

**2**の② $1\dfrac{1}{5}-\dfrac{3}{5}=\dfrac{6}{5}-\dfrac{3}{5}=\dfrac{3}{5}$
↑1くり下げる。

③ $2-\dfrac{5}{7}=1\dfrac{7}{7}-\dfrac{5}{7}=1\dfrac{2}{7}$
↑1くり下げる。

❶ 前のタイヤは ⓘ と ⓤ
後ろのタイヤは ⓐ と ⓔ

❷ 港を出る順番は

| ① | ② | ③ | ④ | ⑤ | ⑥ |
|---|---|---|---|---|---|
| か | う | お | い | え | あ |

**1** ①5.13 ②10.42 ③0.9
④0.76 ⑤3.54 ⑥0.027

**2** ①51.8 ②431.6 ③104
④96.9 ⑤6.9 ⑥10.324

**3** ①2.4 ②5.8 ③4.7
④1.39 ⑤0.26 ⑥0.073
⑦8.5 ⑧0.95 ⑨1.64

**4** ①2.6 ②0.11

### アドバイス

**2の④**
$$\begin{array}{r} 2.85 \\ \times\ \ 34 \\ \hline 1140 \\ 855\ \ \\ \hline 96.90 \end{array}$$

**⑥**
$$\begin{array}{r} 0.356 \\ \times\ \ \ 29 \\ \hline 3204 \\ 712\ \ \\ \hline 10.324 \end{array}$$

**3の⑤**
$$\begin{array}{r} 0.26 \\ 23\overline{)5.98} \\ 46\ \ \\ \hline 138 \\ 138 \\ \hline 0 \end{array}$$

**⑥**
$$\begin{array}{r} 0.073 \\ 7\overline{)0.511} \\ 49\ \ \\ \hline 21 \\ 21 \\ \hline 0 \end{array}$$

**⑦**
$$\begin{array}{r} 8.5 \\ 6\overline{)51.0} \\ 48\ \ \\ \hline 30 \\ 30 \\ \hline 0 \end{array}$$

**⑧**
$$\begin{array}{r} 0.95 \\ 8\overline{)7.60} \\ 72\ \ \\ \hline 40 \\ 40 \\ \hline 0 \end{array}$$

**4の①**
$$\begin{array}{r} 6 \\ 2.57 \\ 7\overline{)18.00} \\ 14\ \ \ \\ \hline 40 \\ 35 \\ \hline 50 \\ 49 \\ \hline 1 \end{array}$$

**②**
$$\begin{array}{r} 0.111 \\ 9\overline{)1.000} \\ 9\ \ \ \\ \hline 10 \\ 9 \\ \hline 10 \\ 9 \\ \hline 1 \end{array}$$

**1** ①$\frac{11}{9}\left(1\frac{2}{9}\right)$ ②$\frac{10}{7}\left(1\frac{3}{7}\right)$

③$\frac{13}{5}\left(2\frac{3}{5}\right)$ ④1

⑤$\frac{11}{4}\left(2\frac{3}{4}\right)$ ⑥$\frac{17}{6}\left(2\frac{5}{6}\right)$

⑦2 ⑧2

**2** ①$\frac{3}{4}$ ②$\frac{6}{7}$

③1 ④$\frac{4}{6}$

⑤$\frac{7}{4}\left(1\frac{3}{4}\right)$ ⑥3

⑦$\frac{11}{7}\left(1\frac{4}{7}\right)$ ⑧$\frac{8}{3}\left(2\frac{2}{3}\right)$

**3** ①$2\frac{4}{7}\left(\frac{18}{7}\right)$ ②$5\frac{5}{9}\left(\frac{50}{9}\right)$

③$4\frac{3}{6}\left(\frac{27}{6}\right)$ ④$2\frac{1}{4}\left(\frac{9}{4}\right)$

⑤$3\frac{2}{5}\left(\frac{17}{5}\right)$ ⑥$6\frac{3}{8}\left(\frac{51}{8}\right)$

⑦4 ⑧8

**4** ①$2\frac{5}{9}\left(\frac{23}{9}\right)$ ②$3\frac{5}{7}\left(\frac{26}{7}\right)$

③$3\frac{3}{4}\left(\frac{15}{4}\right)$ ④$\frac{2}{5}$

⑤$4\frac{3}{8}\left(\frac{35}{8}\right)$ ⑥$1\frac{5}{6}\left(\frac{11}{6}\right)$

⑦$\frac{1}{3}$

### アドバイス

**3の④** $1\frac{3}{4}+\frac{2}{4}=1\frac{5}{4}=2\frac{1}{4}$

**⑧** $2\frac{3}{7}+5\frac{4}{7}=7\frac{7}{7}=8$

**4の③** $4\frac{2}{4}-\frac{3}{4}=3\frac{6}{4}-\frac{3}{4}=3\frac{3}{4}$

**④** $4\frac{1}{5}-3\frac{4}{5}=3\frac{6}{5}-3\frac{4}{5}=\frac{2}{5}$

**⑤** $7\frac{2}{8}-2\frac{7}{8}=6\frac{10}{8}-2\frac{7}{8}=4\frac{3}{8}$

**⑦** $3-2\frac{2}{3}=2\frac{3}{3}-2\frac{2}{3}=\frac{1}{3}$